珍贵毛皮动物饲料与营养

◎ 高秀华 杨福合 张铁涛 主编

U0349273

中国农业科学技术出版社

图书在版编目(CIP)数据

珍贵毛皮动物饲料与营养 / 高秀华,杨福合,张铁涛主编 . —北京:中国农业科学技术出版社,2020. 1

ISBN 978-7-5116-2385-0

Ⅰ.①珍… Ⅱ.①高…②杨…③张… Ⅲ.①珍稀动物-毛皮动物-饲料-营养学 Ⅳ.①S865. 24

中国版本图书馆 CIP 数据核字(2020)第 009547 号

责任编辑	张国锋
责任校对	李向荣

出 版 者	中国农业科学技术出版社
	北京市中关村南大街 12 号　邮编:100081
电　　话	(010)82106636(编辑室)　(010)82109702(发行部)
	(010)82109709(读者服务部)
传　　真	(010)82106650
网　　址	http://www.castp.cn
经 销 者	各地新华书店
印 刷 者	北京富泰印刷有限责任公司
开　　本	880mm×1 230mm　1/32
印　　张	5
字　　数	160 千字
版　　次	2020 年 1 月第 1 版　2020 年 1 月第 1 次印刷
定　　价	25. 00 元

《珍贵毛皮动物饲料与营养》
编写人员名单

主　　编　高秀华　杨福合　张铁涛

副主编　吴学壮　耿业业　刘志刚　任二军

编　　者　高秀华　杨福合　张铁涛　吴学壮

　　　　　耿业业　刘志刚　任二军　张海华

　　　　　王夕国　刘继忠　刘　洁　杨　颖

　　　　　宋兴超　杨童奥　李　伟　刘进军

前　言

毛皮动物主要指产品为制裘原料的动物。其特点是种类多、分布范围广、经济价值高。水貂、狐因其毛皮质量优良、制裘性能好，是世界上裘皮业公认的珍贵毛皮动物。水貂皮、狐皮、卡拉库尔羊皮被称为世界三大裘皮支柱。养貉业是近20年发展起来的新兴毛皮动物饲养业。貉皮为大毛细皮，适合作为高中档棉服的镶边和装饰，深受消费者青睐。裘皮加工业采用的原料中，90%以上来自貂皮、狐皮和貉皮。

我国毛皮动物饲养业始于1956年，在国务院发展"野牲饲养业"，增加出口创汇的政策指引下，从苏联引进了水貂、蓝狐、银狐等种源。陆续在黑龙江、吉林、辽宁、山东等多地建立了数十个毛皮动物试验饲养场。60多年来，特别是改革开放以来，经过数代科研人员和养殖人员的不懈努力，我国毛皮动物饲养业得到了长足发展。

基于撰稿作者承担的公益性行业（农业）科研专项"不同生态区优质珍贵毛皮生产关键技术研究"以及国家科技基础条件平台项目"特种经济动物种质资源共享平台"所取得的最新科研成果和所积累的真实可靠的养殖经验，结合国内外先进成果和先进技术，应广大养殖者的要求，为普及珍贵毛皮动物营养需要与饲料利用的知识，提高珍贵毛皮动物的养殖水平，认真贯彻中共"十九大"会议精神，以科技作为发展"三农"的推动力，促使养殖者掌握珍贵毛皮动物的饲养关键技术。为此，我们组织编写了本书。

本书注重科学性和实用性。适合从事水貂、狐、貉研究的科技人员、规模养殖场的管理人员和技术人员、相关学校的学生以及广大珍贵毛皮动物养殖者参考使用。

由于作者水平有限，书中疏漏之处在所难免，敬请读者批评指正。

目　录

图表目录

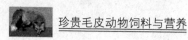

第一章　珍贵毛皮动物饲养概况

第一节　珍贵毛皮动物品种概述

毛皮动物主要指产品为制裘原料的动物。其特点是种类多、分布范围广、经济价值高。水貂、狐因其毛皮质量优良、制裘性能好，是国际上裘皮业公认的珍贵毛皮动物。水貂皮、狐皮、卡拉库尔羊皮被称为世界三大裘皮支柱。养貉业是近 20 年发展起来的新兴毛皮动物饲养业。貉皮为大毛细皮，适合作为高中档棉服的镶边和装饰，深受消费者青睐。裘皮加工业采用的原料中，90%以上来自貂皮、狐皮和貉皮。

一、水貂

水貂为小型珍贵毛皮动物，是由美洲水貂经人工长期驯养而来。野生水貂为黑褐色或黑色，在家养条件下出现多种毛色突变类型，经过培育形成灰色、米黄色、咖啡色、蓝色、棕色、白色、琥珀色等多种毛色水貂。野生水貂经过多个世代的选择，毛色加深，多为黑褐色或深褐色，称为标准色水貂；而将其他毛色变种水貂称为彩色水貂。目前已出现 30 多个毛色突变种，并通过各种组合，使毛色组合型已增加到了 100 余种。彩色水貂多数色泽鲜艳、绚丽多彩，有较高的经济价值，各水貂饲养国都在引种和繁育。根据毛色可分为黑色系（美国短毛黑水貂、金州黑色水貂等）、灰蓝色系（银蓝水貂、蓝宝石水貂、青蓝水貂等）、浅褐色系（咖啡水貂、索科洛夫水貂、马哈根水貂等）和白色系（红眼白水貂、黑眼白水貂、白化水貂）四大类色型。

（一）黑色系水貂

黑色系水貂又称为标准色水貂，被毛呈黑褐色，是我国水貂饲养场主要饲养品种，在我国水貂饲养业中占有重要地位。早期品种来自苏联，后又陆续从瑞典、荷兰、丹麦、加拿大、美国等地多次引种。经过杂交改良、选育，形成了适应我国饲养条件的多个品种：金州黑色标准水貂、明华黑色水貂、山东黑褐色标准水貂、东北黑褐色标准水貂等。新培育水貂品种的毛绒品质逐步得到改善，繁殖力逐步得到提升，体型也进一步增大。目前，人工饲养的黑色标准水貂全身毛色呈深黑色，背腹毛色趋于一致，底绒深褐色，无白斑，全身无杂毛；针毛平齐，光亮灵活，绒毛丰厚，柔软致密。成年公水貂体重2.90~3.20kg，体长48.0~52.0cm；成年母水貂体重1.80~2.40kg。公貂尾长20~25cm，母貂尾长17~21cm。母貂平均窝产仔数6.80只，群平均成活5.50只以上。公貂9~10月龄达到性成熟，配种率（利用率）85%以上。母水貂平均种用年限为3~4年。

（二）灰蓝色系水貂

1. 银蓝色水貂

银蓝色水貂又称铂金色、白金色或银灰色水貂，最早发现的一个毛色突变种（1930年）。该毛色最具代表性水貂为银蓝色。该色水貂体型粗犷、生命力强、繁殖力高，于20世纪60年代引入我国，通过风土驯化，表现出较强的适应性，该色型是目前我国家养水貂中饲养数量较多的一种。银蓝色水貂全身被毛呈均匀一致的浅灰蓝色，背腹毛趋于一致；针毛平齐，光亮灵活，绒毛丰厚，柔软致密。成年公水貂体重3.00~3.40kg，体长50.0~55.0cm；成年母水貂体重2.00~2.60kg。公貂尾长20~25cm，母貂尾长17~21cm。母貂平均窝产仔数6.80只，群平均成活5.50只以上。公貂配种率（利用率）92%以上，9~10月龄达到性成熟。母水貂平均种用年限为3~4年。

2. 蓝宝石水貂

蓝宝石水貂，又称青玉色貂，由银蓝色和青蓝色两对纯合隐性基因组成。背毛呈金属灰色，接近于天蓝色。体躯紧凑，体形清秀。公貂体重2.45kg左右，体长43.0cm左右；母貂体重1.20kg左右，体长 36.1cm 左右，其生命力、繁殖力较低，每胎产 5~6 仔，9~10 月龄达到性成熟。母水貂平均种用年限为 3~4 年。

（三）浅褐色系水貂

浅褐色系水貂主要指咖啡色水貂，也称烟色水貂，全身被毛呈一致的浅褐色，毛色深浅变化幅度较大，眼睛为黑褐色，鼻子和爪呈棕色，属单隐性遗传基因型。咖啡色水貂全身被毛呈均匀一致的浅褐色，背腹毛趋于一致；针毛平齐，光亮灵活，绒毛丰厚，柔软致密。成年公水貂体重 2.95~3.35kg，体长 50.0~55.0cm；成年母水貂体重 2.00~2.60kg。公貂尾长 20~25cm，母貂尾长 17~21cm。平均窝产仔数 6.80 只，群平均成活 5.35 只以上。公貂配种率（利用率）90% 以上，9~10 月龄达到性成熟。母水貂平均种用年限为 3~4 年。

这种水貂体型较大，体质较强，繁殖力高，目前饲养量较大。

（四）白色系水貂

1. 红眼白水貂

红眼白水貂最早由丹麦发现，也称"丹麦帝王白水貂"，该色型水貂由咖啡色（bb）和白化（cc）两对隐性基因型组合而成，全身被毛呈乳白色，眼睛粉红色，体型较大，针毛粗长。我国于 20 世纪 60 年代初引入，为提高红眼白水貂的生活力、繁殖力及对环境的适应能力，解决白色水貂种源紧缺问题，中国农业科学院特产研究所从 1966 年到 1981 年，历经 15 年，以苏联深咖啡色和黑褐色标准水貂为母本、帝王白水貂为父本通过杂交育种和分离提纯两个阶段进行了红眼白水貂的培育工作，1982 年被鉴定和命名为"吉林白水貂"。早期的吉林白水貂体型大、繁殖力高，但针毛相对粗糙。

目前，红眼白水貂经过不断引种改良，全身被毛呈均匀一致的白色，背腹毛趋于一致；针毛平齐，光亮灵活，绒毛丰厚，柔软致密。成年公水貂体重 2.80~3.20kg，体长 48.0~52.0cm；成年母水貂体重 1.85~2.50kg。公貂尾长 20~25cm，母貂尾长 17~21cm。平均窝产仔数 6.75 只，群平均成活 5.40 只以上。公貂配种率（利用率）90% 以上，9~10 月龄达到性成熟。母水貂平均种用年限为 3~4 年。

2. 黑眼白貂

黑眼白貂又称海特龙水貂，毛色纯白、毛绒品质好，被毛短齐，眼睛呈黑色。因母貂耳聋，护仔性差，繁殖成活率较低，目前其饲养数量已逐渐减少。

二、狐

狐属于哺乳纲、食肉目、犬科动物，可分为狐属和北极狐属，狐属除有银黑狐、赤狐外，还有白金狐、珍珠狐、蓝宝石狐、巧克力狐、棕色狐、白化狐、白脸狐、日光狐、乔治白狐、北极大理石狐、大理石狐和金晖狐等。世界上人工饲养的狐有 40 多种不同色型。目前，人工饲养的狐主要有北极狐（蓝狐）、银黑狐、赤狐以及各种突变型或组合型彩色狐。

（一）北极狐

北极狐在动物分类学上属食肉目、犬科、北极狐属动物，通常称之为蓝狐。北极狐在野外具有蓝色和白色两种色型，其中蓝色为显性基因型，白色为隐性基因型。浅蓝色北极狐是北极狐的原始类型，为野生型，全年一直呈现为浅蓝色。白色北极狐在冬天为白色，夏天变为灰色。人工驯养北极狐已有 200 多年的历史。家养北极狐有多种毛色突变类型。中国于 1956 年由苏联引入该品种，分别在黑龙江、吉林、辽宁、内蒙古自治区、甘肃、山西等地试养，20 世纪 60 年代调整下马。1980 年从挪威、芬兰、美国等国家重新引入并分别在辽宁、黑龙江、吉林、山东、河北等地饲养。1988 年以后，黑龙江、山东、山西、内蒙古自治区等地相继从芬兰引入大体型北极狐，并对早期引种的北极狐进行改良，收到较好效果。北极狐性情温顺，汗腺不发达，怕热，对光周期敏感。

北极狐四肢较银黑狐短，体肥胖，胸宽而圆。吻短而宽，耳宽圆，毛绒丰足，细软稠密，针毛平齐，分布均匀，毛色浅蓝而均匀，绒毛颜色与全身一致呈蓝色。背腰长而宽直，臀部宽圆，肌肉发达，尾呈圆柱形。

北极狐成年公狐体重 14~16kg，母狐 8~10kg，尾长 30~38cm。幼狐 10~11 月龄性成熟。配种期一般在 2 月中旬至 4 月中旬，为季节性单次发情，发情持续时间为 4~5d，多在发情后第 2d 自然排卵，最初和最后 1 次的排卵时间间隔 5~7d。生产中采取人工授精或人工辅助交配的方式配种。人工授精受胎率在 80%~85%，人工放对配种受胎率在 90% 以上。妊娠期 52~56d，胎平均产仔为 8~13 只。仔狐初生重 80~90g，幼狐生长发育快，尤其是 40~135 日龄生长发育最快，采用棚舍单笼模式饲养。

北极狐每年换毛两次，每年的 11 月中旬至 12 月中旬，毛绒成熟可取皮，是制裘的上等原料。成熟的北极狐皮被毛丰满，绒毛密度大，针毛光亮并富有弹性，皮板轻薄坚韧、强度好，毛色美观。

（二）银黑狐

银黑狐在动物学分类上属于食肉目、犬科、狐属，大毛细皮类毛皮动物。通常也称之为银狐。原产自西伯利亚东部和北美大陆北部地区。银黑狐是赤狐在自然条件下产生的毛色突变体。银黑狐皮的商业化应用始于 19 世纪。银黑狐有两种黑色突变基因型，分别为加拿大的标准银黑狐（东部黑色，AAbb）和阿拉斯加银黑狐（阿拉斯加黑色，aaBB）。

银黑狐体形外貌与狗相似，嘴尖，耳长，四肢细长。头部较长、吻长、耳直立并倾向两侧，眼睛圆大而明亮，鼻孔大，轮廓明显，鼻镜湿润，颈部和躯干协调，肌肉发达，胸深而宽，背腰长而宽直。四肢粗壮，伸屈灵活，后肢长，肌肉紧凑，尾呈粗大柱型。腹部和四肢的毛色均为黑褐色。背部及体侧的毛色为银色，被毛的颜色由针毛和绒毛颜色决定。针毛的颜色有黑毛尖白毛干、全黑色、黑毛尖黑毛根中间白 3 种色型，这 3 种针毛的比例影响被毛的银色强度。绒毛的颜色基本为灰色，尾尖的针毛和绒毛均为白色，也称白尾尖。人工饲养的银黑狐，全身被毛大部分为黑色和黑白色毛段形成的被毛，均匀掺杂白色针毛，绒毛呈灰黑色，每根针毛颜色均分为三段，靠近毛尖的较小部分为白色，中部为黑色，根部为灰黑色。吻部、双耳背面、腹部和四肢均为黑色，背部、体侧部为黑白相间的银黑色。在嘴角、眼周围有银色毛，形成面罩。尾末端为白色。

银黑狐成年公狐体重 7.5~10.0kg，体长 65~72cm（个别能达到80cm），母狐体重 6.0~8.2kg，体长 63~67cm，尾长 30~40cm，体重的季节性变化明显，冬季体重明显重于夏季，12 月至翌年 1 月份最重。公母狐生殖器官具有明显且严格的季节性变化，属年周期变化，夏季母狐的卵巢和子宫处于萎缩状态，9 月下旬（秋分）卵巢逐渐发育，11 月份黄体消失，卵泡迅速发育，1 月中旬开始发情，并自发性排卵，排卵多在发情后的第 1 天下午或第 2 天早晨。生产上常根据母狐外阴部变化或采用阴道分泌物涂片和放对试情来识别是否发情，多采用人工放对观察配种或人工授精法配种。发情持续期 5~10d，排卵期较短，为 2~3d，一般发情后第一天下午或第二天早晨排卵。妊娠期 51~55d，变动范围 50~61d，产仔期在 3 月下旬至 4 月下旬，平均窝产仔数 4.5~6.2 只。仔狐初生重 80~130g，出生后生长发育很快，平均日增重 1~10 日龄 17.5g，10~20 日龄 23~25g。仔狐 45~50 日龄时断乳分窝，开始独立生活。仔狐断乳后 2 月生长发育最快。8 月龄生长基本结束，接近体成熟。9~11 月龄性成熟，每年繁殖 1 次，季节性 1 次发情。

每年 11 月中旬至 12 月上旬，毛绒成熟即可取皮。成熟的银黑狐皮毛被丰满，绒毛密度大，针毛光亮并富有弹性。皮板轻薄坚韧、强度好、美观。

（三）赤狐

赤狐在动物分类学上属于食肉目、犬科、狐属的珍贵大毛细皮类毛皮动物，又称红狐、火狐等。中国饲养的赤狐主要是 20 世纪 80 年代从美国、加拿大五大湖周边地区引入的北美洲赤狐，习惯称北美赤狐。经 30 多年的风土驯化及选育，已经形成完全适应中国饲养环境和饲料条件的大体型、毛色美观、遗传稳定的种群。主要饲养区在河北、辽宁、吉林、黑龙江等地。

北美赤狐身体细长、嘴尖长、耳大、四肢细长、尾长。体背毛呈赤褐色，头部一般为灰棕色，耳背面为黑色或黑棕色，唇部、下颌至前胸为暗白色，体侧略带黄色，腹部为白色或黄色，四肢颜色较背部略深，外侧具有宽窄不等的黑褐色纹，尾毛蓬松，尾尖为白色，具有尾脂腺。

成年公、母狐体重分别为 6.5~8.5kg 和 5.5~7.5kg，体长分别为 65~95cm 和 65~75cm。北美赤狐为季节性发情动物，每年产 1 胎，公、母狐均在 1~2 月发情配种，可采用人工放对或人工授精方式进行配种。妊娠期 52d 左右，3~4 月产仔。窝产仔数 4~6 只，最多可达 10 只，仔狐初生重 60~90g，14~18 日龄睁眼，20~25 日龄可采食，哺乳期 45d，种兽利用年限 3~4 年。

每年 11 月底至 12 月中旬毛皮成熟。成熟的毛皮，毛被丰满，绒毛密度大，针毛光亮并富有弹性。皮板轻薄坚韧、美观、强度好。

(四) 彩狐

北极狐和赤狐在饲养过程中，不断有新的毛色突变个体出现，除了银黑狐以外，还有铂色狐、珍珠狐、琥珀狐、蓝宝石狐、影狐、北极白狐等多种毛色出现。人们把北极狐、银黑狐、赤狐的毛色变种狐，狐属内各赤狐与各毛色变种狐之间交配产生的新的色型狐，北极狐属内各北极狐与各毛色变种狐之间交配，和银黑狐属与北极狐属的属间杂交后代统称为彩狐。

1. 棕色狐

棕色狐有两种类型，一种是巧克力色狐（bbbrFbrF），另一种称为科立科特棕色狐（bbbrCbrC），都是银黑狐的毛色变种狐。巧克力狐被毛为深棕色，棕黄色眼睛。科立科特棕色狐被毛为棕蓝色，蓝色眼睛。两种棕色狐分别由不同的基因控制。

2. 蓝灰色狐

珍珠狐是银黑狐的蓝灰色隐性变种。毛色较淡而呈蓝色，除白尾尖外没有白斑。珍珠狐种类较多，有东部珍珠、西部珍珠、Pavek 珍珠、Cherry 珍珠和 Mansfield 珍珠等，最后一种珍珠狐毛色为蓝灰而略带棕色。这几种珍珠狐的基因不同。

3. 白色狐

白化狐是赤狐的隐性突变，被毛为白色，眼、鼻尖等裸露黏膜由于没有色素沉积而呈现淡红色。

4. 铂色狐（WP）

银黑狐的显性突变种，含有 WW 的杂合复等位基因。被毛中黑色素明显减少，而呈现蓝色，颈部有色环，从鼻尖到前额有一条明显的白带，白尾尖。铂色狐之间交配时，产仔数明显下降，这是由于 WP 基因纯合体在胚胎发育期早期死亡所致。其生物学特征，繁殖技术，饲养管理，毛皮的收取、加工等都与狐属其他动物相同。

5. 白脸狐 (bbWw)

银黑狐的白色显性突变种属深色类型狐，又称白斑狐。在鼻、前额、四肢、胸部均有或多或少的白块状白斑，白色颈环、白尾尖。WP 基因 W 的复等位基因，纯合体有胚胎早期死亡现象。白脸狐与白脸狐之间交配，可产出 67% 的白脸狐和 33% 的银黑狐。白脸狐与珍珠狐间交配，可产出各占 50% 的白脸狐和银黑狐。白脸狐与北极大理石狐间交配，可产出各占 25% 的北极大理石白脸狐、北极大理石狐、白脸狐和银黑狐。主要生物学特性、饲养管理、繁殖技术以及产品初加工等都与狐属毛皮动物相同。

6. 日辉色狐 (WMWBb)

日辉色狐又称日光狐。毛色与北极狐大理石色相同，只是背部有红色的标志。杂合时毛色较暗。

三、貉

貉属于哺乳纲、食肉目、犬科、貉属动物。貉又名貉子、狸、土狗、土獾、毛狗。貉子的外形像狐，但比狐小，体肥短粗，四肢短而细，尾毛蓬松，背毛呈黑棕或棕黄色，针毛尖部黑色，背中央针毛有明显的黑色毛梢。具有针毛长、底绒丰厚、细柔灵活耐磨，光泽好，皮板结实，保温力很强的特点。人工养殖的貉主要有乌苏里貉和吉林白貉。

(一) 乌苏里貉

乌苏里貉在动物分类学上属于食肉目、犬科、貉属动物，原产于东亚。乌苏里貉是中国貉的东北亚种，饲养历史悠久。分布在大兴安岭、长白山、三江平原等地，经过长期选择培育，逐渐形成优良的地方品种。1957 年，中国农业科学院特产研究所开展乌苏里貉家养繁殖研究，1988 年 12 月由中国农业科学院科研管理部门组织鉴定，并命名为"乌苏里貉"。2002 年，被国家畜禽遗传资源管理委员会列为地方品种；2012 年，被《中国畜禽遗传资源志·特种畜禽志》收录。

乌苏里貉吻部灰棕色，两颊横生有淡色长毛；头部两侧在眼的周围（尤其是眼下）生有黑色长毛，突出于头的两侧，构成明显的"八"字形黑纹，常向后延伸到耳下方或略后；背毛基部呈淡黄色或略带橙黄色，针毛尖端呈黑色；两耳周围及背毛中央掺杂有较多的黑色的针毛梢，从头顶直到尾基部或尾尖，形成界限不清的黑色纵纹；体侧色较浅，呈灰黄色或棕黄色，腹部毛色最浅，呈黄白或灰白色，绒毛细短，并没有黑色毛梢；四肢毛的颜色较深，呈黑色或咖啡色，个别呈黑褐色；尾的背面为灰棕色，中央针毛有明显的黑色毛梢，形成纵纹，尾腹面较浅。四肢短而细，以趾着地，为趾行性动物，前后足均有发达的趾垫，无毛，爪粗短，不能伸缩。

公貉适宜繁殖年龄为 1~3 岁，母貉为 1~4 岁，公母比例为 1：（3~4）。季节性发情，发情期在 2~4 月，采取自然交配或人工授精方式配种，受配率在 93% 以上。妊娠期 60±2.53d，胎平均产仔 8±2.13 只，繁殖成活率在 88% 以上，哺乳期 45~60d。仔貉初生重 120±20.69g，断奶体重 1 370±342.02g，11~12 个月龄体成熟，8~10 个月龄性成熟。成年公、母貉体重分别为 8.5~13.0kg 和 8.0~12.0kg；体长分别为 70~90cm 和 65~85cm，尾长 17~18cm。貉皮针绒毛丰厚，保暖性好，加工品毛绒飘逸，坚韧耐磨，为良好的制裘原料。乌苏里貉是皮毛动物养殖品种里最容易饲养的品种，近年来国际市场需求旺盛，养殖效益可观。

（二）吉林白貉

吉林白貉是乌苏里貉白色突变种。1976 年芬兰发现类似的毛色突变个体。1979 年，中国首次发现白色突变貉。中国农业科学院特产研究所对毛色变异的遗传规律开展了研究，吉林白貉白色突变基因受一对等位基因的控制，白色为显性，标准色为隐性。白色基因位于常染色体上，白色基因纯合致死。1990 年经吉林省科学技术委员会组织鉴定，定名为吉林白貉，在吉林、河北、黑龙江、辽宁、内蒙古、山东等地广泛饲养。

吉林白貉除毛色为白色外，外貌特征、生物学特性和饲养管理方式与乌苏里貉相同。被毛颜色从表型上看有两种：一种除眼圈、耳缘、鼻尖、爪和尾尖还保留着乌苏里貉标准色型外，身体其他部位的针毛、绒毛均为纯白色；另一种身体所有部位的针毛、绒毛均为纯白色。两种白貉除毛色有差别外，其他特征完全相同。吉林白貉被毛长而蓬松，底绒略丰厚。成年公、母貉体重分别为 8.0~12.0kg 和 7.0~11.0kg；体长分别为 60~85cm 和 50~80cm，尾长 17~18cm。

吉林白貉间不宜交配繁殖，会导致产仔率低下或仔貉成活率下降。因此，必须采取吉林白貉与乌苏里貉之间杂交繁育，繁殖后代白貉数量占 50%。白貉皮适宜染成各种所需的颜色，有较高的应用价值。

吉林白貉视力远不及乌苏里貉，应激反应更敏感，易受惊吓，仔貉不易成活，在管理上应给予特殊关照，如保持貉场安静，对窝仔貉多的要及时代养。吉林白貉仍存在针毛粗长、绒毛较稀、视力较差等缺点，可通过与乌苏里貉杂交予以改良。

第二节　改革开放以来毛皮动物饲养业的发展

我国毛皮动物饲养业始于 1956 年，在国务院发展"野牲饲养业"，增加出口创汇的政策指引下，从苏联引进了水貂、蓝狐、银狐、海狸鼠等种源。在黑龙江、吉林、辽宁、山东、北京等多地建立了数十个毛皮动物试验饲养场。60 多年来，特别是改革开放以来，我国毛皮动物饲养业得到了长足发展。

一、改革发展时期（1978—1984 年）

1978 年，中国开始改革开放，在全国范围内大部分养殖适宜区持续出现特种动物养殖热，毛皮动物养殖业的活力开始显现，到 20 世纪 80 年代中期，水貂留种数达到 40 万只，全国毛皮动物存栏量和毛皮年产量均达到空前规模。中国也随即成为世界毛皮生产和出口的大国。随着经济的发展与竞争的激烈，养殖形式在原有的农村庭院式养殖的基础上，衍生出了场区式养殖与小区式养殖，养殖品种上开始呈现区域化、多样化，开始将国外一些优质品种引入国内，同时与之相关的饲料、兽药、机械、加工等行业也随之发展，毛皮动物产业链形成雏形。

二、全面快速增长时期（1985—1996 年）

20 世纪 80 年代初国际水貂皮贸易迅速升温，国内又恰逢改革开放经济转轨，带动了中国毛皮动物饲养业发展，到 80 年代后期，中国每年出口的水貂皮已近 500 万张。1988 年，全国水貂饲养量约达300 万只，年取皮量 500 万张，占世界水貂皮产量的 10% 左右。在 20世纪 70 年代，由于国际市场需求的增加，貉皮价格较高，貉的养殖发展非常迅速，到 1988 年全国人工饲养种貉数量已达到 30 多万只，年产貉皮近 100 万张，成为世界养貉第一大国。

1993 年，国务院颁布了《关于发展高产优质高效农业的决定》，为发展特种经济动物养殖给予了政策上的鼓励和支持，并引导养殖业从计划经济转向市场经济。1993—1994 年，在世界毛皮总产量相对不足的大形势下，中国各地的养殖场纷纷抓住机遇，到 1996 年，全国存栏的种兽发展到 160 多万只，其中狐狸约 100 万只，水貂约 40万只，貉 10 万~20 万只，毛皮动物养殖业在中国开始步入新的发展机遇期。

三、提质增效发展时期（1997—2013 年）

1997—1999 年，亚洲出现金融危机，波及中国毛皮动物养殖业，皮张价格再度下滑，一些小型的养殖户纷纷限产、空栏，但这次小的下跌很快就得到了转机，2001 年后中国毛皮动物养殖业在各地大力发展区域经济，扬长避短、利用环境资源优势寻找新的经济增长点的潮流推动下，产业开始实现稳步增长。2005—2006 年，中国毛皮动物养殖业呈现出一派繁荣景象，毛皮动物存栏量急速增加，达到了5 500 万只左右，为历史最高峰。但受全球经济前景预期不明朗、美国次贷危机苗头及暖冬等因素影响，2007 年国内毛皮市场再次跌入低谷。经过 2007—2009 年的低价磨砺，毛皮动物养殖业在困苦中实现了整合重组，开始步入理性、科学发展期。

2009—2013 年，中国狐、貉、貂三大毛皮动物饲养量呈现大幅度增长的趋势，年均增速高达 20%，同时助推了全国毛皮加工业跨越式大发展，毛皮服装产量从 2011 年的 304 万件发展到 2014 年的547 万件，增长 79.9%；规模上企业数从 399 家增长到 547 家，增长37.1%；销售收入增长 49.0%，达到 864.81 亿元；生毛皮进口额度从 2011 年的 4.78 亿美元提高到 2014 年的 9.39 亿美元，增长幅度

96.4%。从以上数据可以看出，5 年间整个产业服装产量扩大了近 80%，销售额也增长了 50%。

四、以生态环保为重点的全面转型升级时期（2014 年以来）

从 2014 年开始，受中国经济发展放缓、国际格局动荡、产业发展过热等因素的共同影响，造成短期内毛皮市场供大于求，国内养殖环节整体进入去库存的压力调整期，皮张价格下降，且受饲料资源、生态环境等约束不断加大，成本、劳动力等红利减弱，养殖环节显现缩群态势，产业截至 2016 年，国内养殖总量约 7 038 万只（其中貂 3 240 万只、狐 1 708 万只、貉 2 090 万只），随着产业外部环境日渐复杂严峻，养殖户逐渐产生生态环保的意识，转型升级不仅是提质增效，现代化、生态化、无公害化饲养模式逐渐成为未来发展趋势。

1978—2018 年，中国水貂、狐、貉留种量和毛皮生产量的变化见图 1-1、图 1-2，1983—2018 年中国进口水貂皮、狐皮和貉皮情况见图 1-3。

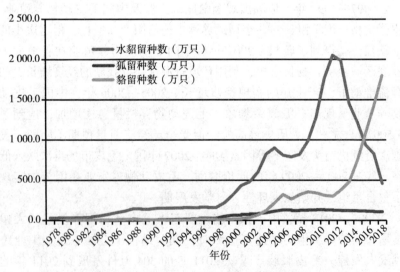

图 1-1　1978—2018 年中国毛皮动物留种量

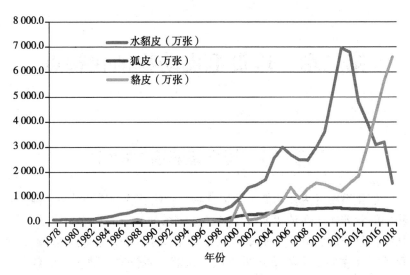

图1-2　1978—2018年中国毛皮生产情况

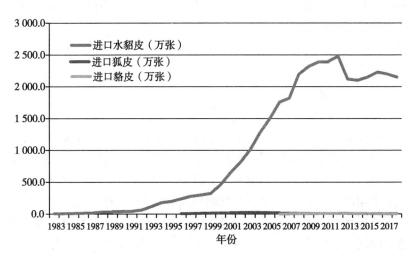

图1-3　1983—2018年中国毛皮进口情况

第二章　珍贵毛皮动物消化特点

第一节　消化道解剖学特点

消化系统的主要功能是消化食物、吸收营养物质和排出残渣。食物中的营养物质在消化系统中，经过一系列复杂的物理和化学变化，从结构复杂的大分子物质分解为结构简单的小分子物质，然后经过消化管壁（主要是小肠壁）吸收进入血液，并输送到动物体的各个部位，以供组织生长和代谢的需要。食物中未被消化和吸收的残渣，以及代谢产物在大肠中形成粪便，经肛门排出体外。不同动物的消化道结构也各有不同。

一、水貂

（一）口腔

水貂的口腔由唇、颊、硬腭、软腭、齿、舌、唾液腺和齿龈组成。水貂的唇分上、下唇，并围成口裂，唇不甚灵活。水貂的颊构成口腔侧壁，有小的颊腺。水貂的腭构成口腔顶壁，前半部分为硬腭，后半部分为软腭，表面有黏膜，由于水貂的食性原因，硬腭黏膜坚硬。水貂的牙齿分为门齿、犬齿和白齿，恒齿 34 枚，是采食、咀嚼食物及抵抗攻击的武器，门齿小，犬齿极发达，白齿的咀嚼面不发达。因此，它们只适合撕裂食物，而不善于咀嚼食物，根据这种特点，增加饲料的细度能提高饲料的消化率。水貂的舌狭长，较为灵活，由舌尖、舌体和舌根 3 部分组成，配合牙齿进行咀嚼和搅拌食物，舌上含有很多味蕾。水貂的唾液腺由腮腺、颌下腺、舌下腺构成，分泌唾液，湿润食物，有利于吞咽，并含有少量的唾液淀粉酶。

(二) 咽和食管

咽和食管是食物由口腔进入胃的通道，没有消化作用。咽位于口腔后端，为消化道和呼吸道交叉通道。食管由黏膜层、黏膜下层、肌层和外膜构成，连接胃的贲门。

(三) 胃

水貂为单胃动物，胃呈长而弯曲的囊状，位于腹腔偏左侧，前为贲门通食管，后为幽门通十二指肠。胃容积较小，为 60~100mL，每次进食量少，每日多次进食。水貂的胃壁很薄，有一定的弹性，胃肌肉不发达，很少参与食物的研磨过程。胃壁从内向外依次为黏膜层、黏膜下层、肌层和浆膜层。胃液由胃黏膜分泌，主要由盐酸、黏液、胃蛋白酶和少量脂肪酶组成。蛋白质和脂肪的消化从胃开始，胃蛋白酶把蛋白质分解为多肽。胃酸激活胃蛋白酶，使饲料中的蛋白质变性易于消化，胃酸进入小肠能促进胰液与胆汁分泌。

(四) 小肠

水貂小肠分为十二指肠、空肠和回肠，总长度为体长的 3.5~4倍，空肠与回肠界限不明显，只是回肠黏膜绒毛较少。十二指肠长13~26cm，空回肠为 110~147cm。与其他单胃动物相比，水貂的消化道较短，食物通过消化道的时间也较短。研究表明，食物通过消化道的平均时间为 142min。水貂采食干粉料食物通过消化道的时间比采食传统鲜料的时间快 30min。

肝脏分泌的胆汁在十二指肠处汇入消化道，胆汁虽然不含消化酶，但能激活脂肪酶，乳化脂肪并促进脂肪的分解和吸收及脂溶性维生素的吸收，此外还有刺激肠道蠕动和抑菌的作用。胰脏分泌的胰液含有多种消化酶，胰蛋白酶、胰脂肪酶和胰淀粉酶，胰液呈碱性，中和进入小肠的胃酸，并为各种胰酶提供适宜的碱性环境。小肠液含有肠蛋白酶、肠脂肪酶和肠淀粉酶。小肠是营养物质消化吸收的主要部位。食物中大部分的蛋白质、脂肪和碳水化合物以及水、无机盐和维生素被小肠吸收。

(五) 大肠和肛门

水貂的大肠包括结肠和直肠，前段为结肠，后段为直肠，两者无明显界限，全长 20cm 左右，无盲肠，这是水貂最显著的特征。结肠黏膜上皮间夹有较多柱状细胞，分泌黏液润滑黏膜。结肠内有粗大而直的结肠腺，分泌碱性黏液，分泌物不含消化酶，但有溶菌酶。大肠的主要作用是吸收水分，形成粪便并排出体外。肛门为直肠末端在体外的开口，主要是控制粪便排出，肛门两侧有两个大的肛门腺。

水貂的大、小肠无明显界限，只是结肠较粗，肠黏膜有发达的纵行皱襞，无绒毛，而小肠内具有绒毛。大、小肠全长 143~193cm。

二、蓝狐

(一) 口腔

狐的口裂较大，恒齿 42 个。狐的舌不同于水貂，呈宽而扁的形状，舌系带发达。舌的主要作用是配合牙齿进行咀嚼和搅拌食物，舌上含有很多味蕾，可以感受食物的味道，影响采食欲和消化液的分泌。

(二) 食管

始部具有一环状皱褶，位于气管的背侧，长度为 38~42cm。蓝狐的食管黏膜为复层扁平上皮，其角质化程度与动物的食性有很大关系，杂食动物的食管黏膜上皮发生轻度角质，草食动物高度角质化，而肉食动物的上皮一般未角化。黏膜上皮的角质化可以导致黏膜层的增厚。食管黏膜肌层为分散的纵行平滑肌束，杂食动物和肉食动物的食管前段一般没有黏膜肌层，向后逐渐增多，在接近贲门处形成完整的一层。食管起始部缺乏黏膜肌，中部出现小的平滑肌束，在后部平滑肌束增粗而形成黏膜肌层，与狗的分布相似。食管的肌层全部由横纹肌构成，这与反刍类及狗等动物相同。食管黏膜下层有大量的食管腺分布，可以分泌大量黏液，有助于润滑食物，减少食物在吞咽过程中的摩擦。

(三) 胃

蓝狐为单胃动物，胃容积较大，可达 310~500mL。狐在进食后经 6h 胃内容物全部排空。胃黏膜上有胃腺，分泌胃液，其中主要有胃酸、黏液和胃蛋白酶，胃酸激活胃蛋白酶，并提供酸性环境。胃酸进入小肠内可促使胰液与胆汁分泌。

（四）肠

狐的肠道较短，银黑狐肠道约为体长的 3.5 倍（约 219cm），北极狐肠道约为体长的 4.3 倍（约 235cm）。小肠分为十二指肠、空肠和回肠三部分，总长度银黑狐为 175.6cm，北极狐为 193.2cm，分别占总肠道的 80.2% 和 82.2%。胆管和胰管开口于十二指肠。小肠内的消化液有胰液、胆汁和小肠液三种。胰液呈碱性，可中和进入小肠的胃酸，并为各种胰酶提供适宜的碱性环境。胆汁能激活脂肪酶，乳化脂肪并促进脂肪的分解、吸收和脂溶性维生素的吸收，还有刺激肠道蠕动和抑菌的作用。小肠是狐消化吸收的主要部位。

大肠分为结肠和直肠，全长 41.8~43.4cm，盲肠的前端开口于结肠的起始部，后部是一尖形的盲端。大肠主要吸收水分，形成粪便并排出体外。大肠黏膜中有大肠腺而无绒毛。大肠腺可分泌碱性大肠液，主要作用是湿润粪便，保护黏膜。

三、貉

貉是杂食动物，在野生条件下，既捕捉鸟、鼠、虫等各种小型动物为食，也采食各种植物的根、茎、叶等食物。貉消化系统的特点与功能介于肉食动物和草食动物之间，既食用各种动物性饲料，也食用各种植物性饲料。貉消化道的结构既与食肉类动物有相似之处，也与草食动物有相似的地方，其消化系统的特点与其杂食性是相适应的。

（一）口腔

貉口裂较大，颊部较短，牙齿构造是门齿短小、排列整齐，犬齿细长尖锐，臼齿结构复杂，前臼齿较发达，后臼齿坚固有力，适合撕碎和磨碎小块食物，咀嚼能力较强。舌宽而扁，舌面上布满丝状乳头肌，中间有道浅沟线，舌系带发达，舌下腺位于口腔底部的黏膜深处。味觉不敏感，食物的适口性是由嗅觉来鉴别的，同时由唾液腺所分泌的唾液来混合食物，促进食物消化。

（二）胃

貉是单胃动物，胃壁很薄，有弹性，像个弯曲的袋子，胃腔可容食物 500~1 200mL。胃位于上腹腔前端偏左，贴近肝脏的内面。胃的入口为贲门，出口为幽门与十二指肠相连，靠一条宽长韧带与肝、脾连接，胃黏膜上有胃腺，能分泌出透明无色的胃液。胃液是一种酸性的黏液，有很强的杀菌能力。貉的胃消化功能很强，胃中的食物经 6~9h 即可排空。

(三) 肠

貉肠道相对较长，构造与草食动物有相似之处，体积较大，大约为体长的 7.5 倍，食物在消化道内的停留时间长，为 40~50h。

小肠细而长，上端接于胃的幽门，下端与大肠相连，全长 213~220cm，约占总肠道长度的 82%。小肠依次分为十二指肠、空肠、回肠 3 部分。3 段无明显区别，大部分盘曲在腹中下部。胆汁管和胰腺导管开口处在距幽门 3.5cm 及 10cm 的十二指肠壁上，该肠壁上有乳头，乳头内有括约肌，可控制胆汁和胰液的排出。小肠黏膜有大量小肠腺，可分泌小肠液。

大肠粗而短，分为结肠和直肠两部分，大肠在小肠的外围，全长约 47cm，约占肠道全长的 18%，结肠前端接于回肠，直肠后端连接于肛门。貉有一段长约 7.5 cm 的盲肠，盲肠内微生物区系可以消化粗纤维，食糜在盲肠内可以合成 B 族维生素。这些生理特点决定了貉具有耐粗饲且杂食的特点。貉不仅能够采食利于消化的动物性饲料，而且还可以采食和消化谷物性饲料。

貉的肝脏很发达，成年肝重 150g，呈紫红色，肝分叶多而清楚，左叶分为左内叶及左外叶，右叶分为右内叶及右外叶。中间叶在腹侧部分为方叶，其上部左侧为乳头叶，右叶为尾状叶。貉的肝脏位于腹腔最前部，横膈膜的后方，胃和十二指肠的背面，偏于右侧。在肝的右内叶和方形叶之间有黄绿色胆囊，胆囊内贮存的胆汁是由肝脏分泌的，进食时胆囊收缩，奥狄氏括约肌松弛，胆汁即通过胆总管流入十二指肠内。

胰腺位于左上腹，贴于后腹壁，呈窄而长的不规则扁带状，长 10cm，重 10~12g，呈紫灰色，胰腺中央有横行胰管与胆管相汇合。胰腺的功能是分泌碱性胰液，能中和进入小肠的胃酸，为胰蛋白酶、脂肪酶、胰淀粉酶提供碱性环境，充分发挥其促进食糜消化的功能。

第二节　营养物质消化生理特点

一、水貂

　　水貂的口腔容积小，门齿短小，但犬齿非常发达，咀嚼肌和臼齿的咀嚼面不发达，因此水貂的牙齿适合撕裂动物性食物，不适合采食富含纤维的植物饲料。口腔中分泌的消化液可以润滑食物，并含有唾液淀粉酶可以水解部分淀粉。

　　水貂胃液主要由盐酸、黏液、胃蛋白酶和少量脂肪酶组成，水貂对蛋白质和脂肪的消化从胃开始。

　　水貂小肠短而细，空肠、回肠总长度为 $110\sim147cm$，食物在肠道中消化过程非常迅速。水貂采食后，食物通过消化道的时间短。因此水貂只宜于采食营养价值大、蛋白质含量高的动物性饲料。小肠液中有丰富的蛋白酶（胰蛋白酶、肠蛋白酶和肽酶）和肠脂肪酶，糖类物质酶（淀粉酶、乳糖酶、麦芽糖酶和蔗糖酶）较少，由此也决定了水貂适宜消化和吸收动物性饲料，对于含碳水化合物多的植物饲料，只能消化其中的淀粉和糖，不能消化纤维素。水貂日粮干物质中含有1%的纤维素，对肠道的蠕动有促进作用，但当增加到3%时，就会引起消化不良。

　　水貂与其他单胃动物具有同样的糖类消化酶，但是活性较低。新生水貂肠道 α-淀粉酶几乎没有活性，4周龄以后活性逐渐提高，而且随着水貂日粮中碳水化合物比例的增加，α-淀粉酶活性也没有显著变化。因此，水貂日粮碳水化合物比例不宜太高。水貂从断奶后，β-淀粉酶活性逐渐增加。日粮脂肪和碳水化合物比例不影响水貂对碳水化合物的利用。哺乳期母貂对碳水化合物利用率更强。

　　新生水貂就具有较高的胰脂肪酶活性，并且在断奶时胰脂肪酶活性显著升高。胰脂肪酶分泌量受日粮组成的影响。从出生到30周龄，水貂肠脂肪酶活性呈上升趋势，对脂肪的消化能力逐渐升高。水貂脂肪消化率随脂肪和碳水化合物比例降低而降低。水貂对干粉料中脂肪的消化能力低于对鲜料脂肪的消化能力。水貂对饲料粗脂肪的表观吸收率为 70%～95%，不饱和脂肪（豆油、玉米油）比饱和脂肪（猪油、牛油）更易消化吸收。

仔貂对饲粮中蛋白质的消化率较低，仔貂胃蛋白酶、胰蛋白酶、胰凝乳蛋白酶的活性和数量在出生后 12 周内逐渐增加，断奶后的水貂蛋白酶活性显著增加。据测定，水貂食入的蛋白质在正常情况下只有 70%～80% 被消化利用，有 20%～30% 的蛋白质在消化道内随粪排出体外。一般认为，水貂对动物性饲料具有较好的消化代谢率，对一些品质较差的动物性蛋白饲料（如羽毛粉、鸡脚等）的消化较差，因其氨基酸平衡与水貂氨基酸需求一致性低，缺乏色氨酸。蛋白质饲料的热加工会改变水貂饲料的营养价值。一般对鸡蛋热处理后饲喂水貂非常必要，因为鸡蛋中含有抗生物素蛋白，把鸡蛋经过 90℃ 处理 5min 可以使抗生物素蛋白变性，还可以使阻碍水貂吸收铁的鸡蛋蛋白变性，利于铁的吸收。热处理可以使大豆粉中胰蛋白酶抑制因子变性，有利于水貂消化吸收。相反，对鱼粉及禽类副产品过热加工会破坏赖氨酸和精氨酸，因此干粉日粮添加赖氨酸较为有利。蛋白质饲料脱水对色氨酸、胱氨酸和蛋氨酸破坏性很大。

大肠包括结肠与直肠，无盲肠。大肠只分泌碱性溶液，只有溶菌酶而无消化酶，因而只是营养物质吸收的部位。水貂小肠和大肠有明显的肠道微生物活动，大肠厌氧菌可达 10^8 cfu/g，比其他哺乳动物低 2~4 个数量级。肠道微生物对蛋白质的消化作用微不足道，但是可以分解部分非淀粉多糖。

水貂对各种鲜饲料和干粉料中营养物质利用情况见表 2-1 和表 2-2。

表 2-1　水貂对鲜饲料营养物质的消化系数

原料	脂肪消化率（%）	原料	蛋白质消化率（%）
牛肉	81	牛肉	87
牛肝	91	牛肝	89
牛肺	91	牛肺	80
牛脾	91	牛脾	86

（续表）

原料	脂肪消化率（%）	原料	蛋白质消化率（%）
牛油脂	68	牛肚	85
牛肚	89	奶酪	96
鸡肉	94	鸡肉	67
鱼架	94	鸡内脏	87
鱼	96	鸡蛋	90
老母鸡	91	鱼	90
马肉	93	鱼皮	95
奶制品	90	马肝	93
猪内脏	85	马肉	92
		牛奶	94
		猪肉	87

表2-2 水貂对干粉饲料营养物质的消化率 （%）

原料	脂肪消化率	原料	蛋白质消化率	原料	碳水化合物消化率
鱼粉	92	血粉	90	大麦麸	40
肉粉	82	羽毛粉	18	大麦	60
鸡肉粉	79	羽毛粉（酸水解）	68	熟化大麦	69
蚕蛹粉	88	鱼粉（高灰分）	80	玉米	58
动物油		鱼粉（全鱼）	83	熟化玉米	80
鱼油	95	肉粉（10%Ash）	80	膨化玉米	80
美国牛油	93	肉粉（20%~25%Ash）	71	烤玉米片	82
欧洲牛油	73	肉粉（30%Ash）	60	玉米蛋白粉	60
美国猪油	93	鸡粉（带羽毛）	58	玉米淀粉	69
欧洲猪油	85	鸡粉（不带羽毛）	74	熟化玉米淀粉	58
植物油		鲸鱼肉粉	91	碾碎玉米	85
卵磷脂	91	蚕蛹粉	91	牛奶	100
菜籽油	95	植物性蛋白		牛奶干	98

（续表）

原料	脂肪消化率	原料	蛋白质消化率	原料	碳水化合物消化率
豆油	95	大麦	75	燕麦	50
		玉米胚芽粕	57	去壳燕麦	69
		玉米蛋白粉	86	蒸燕麦	81
		玉米	70	熟化燕麦	84
		大豆	62	豆粕44%CP	49
		熟化大豆	67	熟化豆粕	57
		豆粕	80	豆粕50%CP	58
		小麦蛋白粉	92	小麦	73
				小麦淀粉	72
				麦麸	50
				麦芽粉	68

二、蓝狐

在长期的进化过程中，蓝狐逐渐形成了自身独特的消化生理特点。蓝狐虽是肉食性动物，但食性却很杂，以动物性食物为主，也采食一些植物性食物。在野生条件下，多以鱼、虾、蚌、鸟类、鸟卵、爬行动物、两栖动物以及野兽的尸体、粪便为食，尤其喜欢吃野禽以及小型的哺乳动物，如鼠、兔等；在食物来源贫乏的情况下，也吃昆虫、蚯蚓，甚至潜入村庄内盗食家禽。植物性食物也是狐常采食的，如多种果实及根、茎、叶等。

由于蓝狐的消化道短，仅为体长的3~4倍，食物在消化道停留时间相对较短，食后6~8h开始首次排出粪便。胃的排空时间为6~9h，食物在消化道中整个消化过程在20~25h完成。蓝狐的盲肠不发达，在消化过程中微生物的作用很小，因此，狐对纤维饲料的消化能力很低。狐对日粮粗纤维的消化率仅为8%~17%。

蓝狐对碳水化合物的利用主要是依靠淀粉酶的作用。饲料中的淀粉从口腔中开始消化，但因饲料在口腔中停留的时间很短，故淀粉消化的主要部位还是在小肠，被肠壁吸收利用。在小肠内未被水解的淀粉转移至盲肠和结肠时，被细菌分解产生挥发性脂肪酸（乙酸、丙酸及丁酸等）和气体（二氧化碳和甲烷），挥发性脂肪酸被机体吸收利用，气体由肛门排出体外。蓝狐淀粉分解酶分泌量少，对碳水化合物消化很有限，尤其是在 8~10 周龄前。之后随着日龄的增加胰腺的淀粉酶活性迅速增加。在 10 周龄后，对碳水化合物的消化能力有所提高，但相对其他动物来说，其消化能力仍然很低。因此，蓝狐日粮中的淀粉类饲料必须膨化或加工成微粉，或者二者相结合饲喂，以利于消化吸收。蓝狐常用的植物类饲料有玉米、小麦、大豆等。每只蓝狐每天平均可喂 35~45g 谷物粉，一般不超过 60g。谷物要彻底蒸熟或膨化才可以提高消化率，否则易引起膨胀或消化异常。

　　蓝狐脂肪的消化主要是在小肠中通过胰脂肪酶的作用进行的。胃黏膜虽能分泌少量脂肪酶，但在胃中不易消化。脂肪先经过胆汁乳化后才便于水解，但胃中的酸性环境不利于脂肪的乳化。脂肪在小肠中，在胰液和胆汁的作用下，胰脂肪酶与胆盐配合，将脂肪水解，释放出游离脂肪酸和单酸甘油酯。游离脂肪酸和单酸甘油酯透过细胞膜而被吸收。蓝狐对脂肪的消化能力很强。在狐的日粮中，利用高达40%的新鲜脂肪不会产生任何有害作用。一般而言，蓝狐对饲料粗脂肪的表观吸收率为 70%~90%。受不同脂肪类型的影响，植物性油脂消化率高于动物性油脂。蓝狐脂肪酶活性随着日粮脂肪水平的增加而升高。同时，随着日粮脂肪水平的增加，蓝狐对脂肪的消化率也逐渐增加。蓝狐脂肪酶活性随着日龄的增加而增加，其中十二指肠脂肪酶的活性比空肠和回肠脂肪酶活性高。

　　蓝狐对饲料中粗蛋白质的消化，主要是蛋白酶对蛋白质的水解过程。饲料中的蛋白质首先在胃中受胃蛋白酶和盐酸的作用，部分蛋白质降解为多肽和少量的游离氨基酸，这些分解产物连同未经消化的蛋白质一同进入小肠被进一步消化为游离氨基酸和少量的肽。20%饲料蛋白质的消化是在胃部进行的，在蛋白质消化过程中，胰蛋白酶（胰液）起着主要作用。在胃和小肠中未经消化的蛋白质，经由大肠以粪的形式排出体外。狐主要以氨基酸的形式在小肠（主要在十二指肠部位）吸收和利用蛋白质。蓝狐对动物性蛋白的粗蛋白质表观消化率较植物性蛋白的粗蛋白质表观消化率高。

三、貉

貉属杂食动物，野生状态下主要取食小动物，包括啮齿类，小鸟、鸟卵、鱼、蛙、蛇、虾、蟹、昆虫等，也食浆果、真菌、根茎、种子、谷物等植物性饲料。貉也采食作物的野果、野菜、瓜皮等，有时还到村边、道边食人和畜禽的粪便。

貉消化系统的特点与功能介于肉食动物和草食动物之间，既适于采食动物性饲料，也能采食植物性饲料。因此，在进行饲料配比时，动植物性饲料应合理搭配使用。因为动物性饲料价格较高，所以应在允许限度内尽量降低使用比例。貉臼齿较发达，适合撕碎和磨碎小块食物，咀嚼能力较强，可以采食谷物性饲料。貉盲肠内微生物区系可以消化粗纤维，肠内微生物在盲肠内可以合成 B 族维生素。这些特点决定了貉具有耐粗饲且杂食的特点。

饲料种类改变（包括有计划的改变及因受饲料来源等因素影响的临时改变）时，新换的饲料量要逐渐增加，被替换的饲料用量应逐渐减少，使貉的消化系统逐渐适应新的饲料。否则，饲料突然改变易引起胃肠病，使貉食欲下降从而影响生产。

第三章 珍贵毛皮动物常用饲料

在我国养殖的珍贵毛皮动物中，貂和狐为肉食性动物，貉为杂食性动物。由于它们不同的消化道结构和消化生理特点，在采食饲料种类上也存在很大差异。用于饲养珍贵毛皮动物的饲料种类很多，常规饲料原料一般可分为动物性饲料、植物性饲料和添加剂类饲料三大类。

第一节 常用动物性饲料

毛皮动物常用的动物性饲料包括鲜动物性饲料（鱼类、肉类、畜禽副产品、乳、蛋类等）和干动物性饲料（鱼粉、肉骨粉、血粉、羽毛粉、蚕蛹粉等）。这类饲料蛋白质含量较高，氨基酸含量丰富，是貂、狐、貉日粮配制时用得较多的蛋白质饲料。

一、鲜动物性饲料

（一）鱼类饲料

大部分海鱼和淡水鱼（一些有毒的豚鱼类除外）均可作为毛皮动物饲料。鱼类饲料蛋白质含量较高，脂肪也比较丰富，其消化率高，适口性好。海杂鱼来源广、价格相对较低，是我国大部分大型毛皮动物饲养场常年不可缺少的饲料。在水貂日粮中，海杂鱼占整个动物性饲料的比例可达70%。

鱼类饲料因捕获季节及鱼种类不同，其营养价值、营养物质的消化利用率也有很大差异。当日粮中动物性饲料以鱼类为主时，应特别注意脂肪的含量。在毛皮动物繁殖期要饲喂质量较好、脂肪含量较低的鱼类，如海鲶鱼、偏口鱼等。在生长季节、特别是冬毛期应饲喂脂肪含量较高的鱼类，如带鱼、黄鲫鱼等。

鱼类饲料新鲜饲喂比熟化后饲喂营养价值高，因为过度加热处理会破坏赖氨酸，同时使精氨酸转化为难消化形式，色氨酸、胱氨酸和蛋氨酸对蛋白质饲料脱水很敏感。但有些海鱼（毛磷鱼、远东沙丁、梭鱼、红娘鱼等）和很多淡水鱼（鲤鱼、鲫鱼、鳙鱼等）中因含有硫胺素酶，大量饲喂这些鱼类饲料时，可影响动物对饲料中维生素 B_1 的利用和吸收，动物会出现食欲减退、仔兽生长速度减慢等维生素 B_1 缺乏症状。生产中要限制此类鱼的饲喂量（占日粮的比例不超过20%）。也可以熟制后饲喂，以破坏硫胺素酶，减少生喂造成的维生素 B_1 缺乏症。长期饲喂鲜明太鱼时，会导致缺铁性贫血、绒毛呈棉絮状，影响生长和毛皮质量。所以，饲喂明太鱼比例较大或时间较长时，应补充血粉或硫酸亚铁。有些鱼类（鲅鳙鱼、鳟鲅鱼、油扣子鱼等）内脏大、有苦味，适口性差，营养价值低，不宜饲喂量过大。

由于不同种类鱼含有各种氨基酸比例不同，所以，建议各种鱼类混合搭配饲喂，这样有利于氨基酸的互补，提高其全价性。同时，鱼类饲料应尽量与肉类饲料（包括畜禽下脚料等）混合饲喂，这样可使营养物质互补。饲喂鱼类饲料时，一定要新鲜、不变质。因为脂肪酸败的鱼类，会产生毒素，可破坏饲料中各种营养物质，饲喂后容易引起食物中毒。饲喂脂肪酸败的鱼类还会引起脂肪组织炎、出血性肠炎、脓肿病和维生素缺乏症等。

（二）肉类饲料

肉类饲料是毛皮动物全价蛋白质饲料的重要来源。肉类饲料中含有与毛皮动物机体相似数量和比例的全部必需氨基酸，同时，还含有脂肪、维生素、矿物质等多种营养物质，其适口性好，消化率也高，是理想的动物性饲料原料。新鲜的肉类其消化率及适口性都很好，适宜生喂。不太新鲜的肉类或者已经被污染的肉类应该进行熟化处理后饲喂，以达到消除微生物污染及其他有害物质的目的。但熟制过程中会使蛋白质凝固，消化率降低，重量也有所损耗，所以，熟喂比生喂重量需要增加10%左右。死因不明的动物肉类禁止饲喂毛皮动物。

在毛皮动物饲养实践中，可以充分利用人们不食或少食的牲畜肉，特别是牧区的废牛、废马、老羊、无用的羔羊肉、犊牛肉及老年的骆驼和患非传染性疾病经无害化处理的肉类。肉类加工厂的兔碎肉、废弃的禽肉等都可以用于毛皮动物饲料。

1. 牛、马、骡、驴肉

生产中所利用的牛、马、骡、驴肉通常都是来自淘汰的役畜，大部分是老、弱、残畜，肉的品质虽然较差，但仍可作为毛皮动物的优质饲料。一般含脂肪较少，其粗蛋白质含量为15%~22%，鲜喂消化率可达88%以上。

2. 鲜碎骨

鲜碎骨来源较广，是毛皮动物的理想补充饲料。鲜碎骨附带一定的肉，粗蛋白质含量为20%左右。鲜碎骨及肋骨、小骨架饲喂毛皮动物，可连同残肉一起粉碎饲喂，较大的骨架可以高压软化后利用。日粮中鲜碎骨的用量可占动物性饲料的8%~15%，实际应用时，可根据鲜碎骨的含肉量进行适当调整。

3. 兔肉

兔肉是一种高蛋白、低脂肪的优质饲料，去皮后的兔胴体都可以利用。健康的兔肉及其下杂鲜喂较好。

4. 公鸡雏

孵化场经鉴别的雄性鸡雏，其营养价值全面，是很好的毛皮动物饲料。鲜喂可占日粮的10%~15%，熟制后饲喂可占日粮的15%~25%。在配制日粮时，公鸡雏与海杂鱼混合在一起使用饲喂效果更佳。

5. 羔羊肉

所用的羔羊肉主要为生产羔羊皮的下脚料。主要产于河北、山东、宁夏、江苏以及安徽的部分地区，产量较大，是毛皮动物的优质饲料。可以鲜喂或熟制加工后饲喂，一般可占日粮的15%~25%。

（三）鱼、畜禽副产品

鱼类和畜禽副产品也是毛皮动物饲料中动物性蛋白质来源的一部分。除了肝脏、肾脏、心脏外，这类饲料由于含有矿物质和结缔组织较多，某些必需氨基酸含量过低或比例不当，所以蛋白质消化率较低，生物学价值不高，在毛皮动物日粮中可以适当利用。

1. 鱼副产品

沿海地区和水产品制品厂有大量的鱼头、鱼骨架、内脏及其他下脚料，这些废弃品都可以用来饲养毛皮动物。新鲜的鱼骨架可以生喂，繁殖期饲喂量不能超过日粮中动物饲料的 20%，幼兽生长期和冬毛生长期可增加到 40%，但应与质量好的海杂鱼或肉类搭配使用。新鲜程度较差的鱼类副产品应熟喂，特别是鱼内脏保鲜困难，采用熟制后饲喂比较安全。

2. 畜禽副产品

畜禽的肠、肚、肝、肺、血液、头、蹄、尾等副产品，都可作为毛皮动物饲料，但由于部位不同，其营养价值存在很大差异。

（1）动物内脏　包括肝、心、肾、肺、胃、肠等。肝脏是毛皮动物的优质动物性饲料，粗蛋白质含量 19% 左右，脂肪含量 5% 左右，并且还含有丰富的维生素和微量元素，特别是维生素 A 和 B 族维生素含量丰富，是动物繁殖期及幼兽育成期较好的添加饲料。在妊娠和哺乳期日粮中，加入 5%~10% 的新鲜肝脏，能显著提高适口性和蛋白质的生物学价值。以干动物性饲料饲喂毛皮动物时，日粮中加入 10% 左右的鲜肝，可弥补干动物性饲料多种维生素的不足，同时也能提高日粮的适口性，还能增加泌乳量，促进仔兽生长发育。鸡肝和鸭肝中粗蛋白质含量低于猪肝和牛肝，但从氨基酸组成来看，鸡肝和鸭肝中必需氨基酸含量丰富，尤其是含硫氨基酸（蛋氨酸+胱氨酸）含量较高。鸡肝与鸭肝相比，氨基酸组成相近，但鸡肝中的脂肪含量较高。在准备配种期，如果想控制体况，可以用鸭肝等量替代鸡肝，这样可以在保证日粮蛋白质水平不变的情况下降低脂肪的量，从而使日粮的总能下降。新鲜健康的动物肝脏宜生喂，新鲜程度较差或可疑被污染的肝脏，必需熟制后饲喂。由于肝脏无机盐含量较高，饲喂量要适当，并且饲喂时应逐渐加量，如在日粮中过量使用，能引起动物腹泻而导致稀便。

心脏和肾脏也是毛皮动物的理想蛋白质饲料，同时还含有丰富的维生素 A、维生素 C 和 B 族维生素，但生物学价值较肝脏差。健康的肾脏和心脏，生喂时营养价值和消化率均较高，病畜的肾脏和心脏必须熟喂。心脏和肾脏产量有限，因此，通常用于繁殖期。带有肾上腺的肾脏不宜在繁殖期使用，因为其中激素含量较多，可能会造成生殖机能紊乱。

肺脏的营养价值不高，结缔组织多，必需氨基酸含量少，消化率较低。肺脏对胃肠还有刺激性作用，易发生呕吐现象。所以，饲喂量不宜太高，可占日粮的5%~10%。饲喂前应进行绞碎加工及熟制。

胃、肠也可作为动物性饲料饲喂毛皮动物。虽然动物的胃、肠营养价值不高，粗蛋白质含量仅为14%左右，脂肪含量为1.5%~2.0%，维生素和矿物质含量都很低，不能单独作为动物性饲料饲喂，但新鲜的胃、肠适口性较好。新鲜洁净的牛、羊胃可以生喂，但猪、兔等的胃肠中通常含有病原性细菌，所以应灭菌、熟制后搭配其他鱼类或肉类饲料饲喂。另外，饲喂前要将肠系膜去除，因其含脂肪较多，会影响适口性并引起消化异常。胃、肠喂量可占动物性饲料的10%左右，并同时注意补充一定量的钙和磷。

（2）血液　各种动物的血液都是毛皮动物良好的添加饲料。健康动物血液的营养价值较高，粗蛋白质含量为17%~20%，并含有大量的、易于吸收的无机盐类（如铁、钾、钠、锰、钙、磷、镁等），还含有少量的维生素等。血最好是鲜喂，在日粮中所占比例为3%~5%。血液也可以加工成血豆腐后直接混于饲料中饲喂，其饲喂量可占日粮的3%~7%。血液中含有丰富的含硫氨基酸，在冬毛期饲喂一些鲜血或者血豆腐，能够提高毛皮品质。但因血中无机盐含量较高，有轻泻作用，所以饲喂量要严格控制。

（3）头、骨架及爪　兔头、兔骨架灰分含量较高，新鲜的兔头适合生喂，绞碎后与其他饲料混合，一般可占日粮的5%~8%。牛、羊、猪头通常是已将咬肌、舌、脑剔除，而含有腮腺、舌下腺等，其营养价值相对较低，也缺少色氨酸、蛋氨酸和胱氨酸等。一般头肉在日粮中的比例为10%以下。禽类头、骨架、爪等均可饲喂毛皮动物，但一定要新鲜、清洗干净，绞碎后与其他饲料混合使用。鸡头的粗蛋白质含量仅次于鸡肝和鸭肝，而且氨基酸的组成相对比较平衡，赖氨酸、精氨酸含量比较丰富。鸡头中还含有丰富的脑磷脂，在准备配种期可以适量应用，繁殖期最好不使用鸡头。鸭架的粗蛋白质含量高于鸡架，但氨基酸的总量则低于鸡架，而且鸭架中蛋氨酸的含量低于鸡架，仅为鸡架的 65%，脂肪的含量鸭架比鸡架高 35%，由此可见，鸡架的品质要优于鸭架。鸡架和鸭架中钙、磷含量丰富而且比例合适（2:1）。鸡架和鸭架中的灰分含量比较高，随着骨架中肉剔得越净灰分含量越高，一般每只成年水貂每天供给量为 40~50g，狐每天用量不能超过 100g。鸡架和鸭架饲喂量过高会引起毛皮动物蛋白质、脂肪消化率降低，从而导致精液品质下降、胚胎发育不良、泌乳不足及毛绒品质低劣。

（四）乳类和蛋类饲料

乳品和蛋类是毛皮动物的全价蛋白质饲料，含有全部的必需氨基酸，并且各种氨基酸的比例与毛皮动物的营养需要相似，因此非常容易消化和吸收。另外，还含有一定量的脂肪、多种维生素及矿物质等。

1. 乳品类饲料

包括牛、羊的鲜乳、脱脂乳、乳粉及其他乳制品，是营养价值非常高的优质饲料。乳类饲料还能提高其他饲料的消化率和适口性，在公、母兽配种准备期、配种期，母兽妊娠期、哺乳期添加，能够增加种兽的采食量，提高配种能力，促进胎儿发育和母兽泌乳。实际生产中，通常是将乳类与其他饲料搅拌均匀后饲喂，一般占日粮的 6%~12% 为宜，过量会增加饲料成本。

乳品类尤其是鲜乳，适合细菌生长繁殖、易酸败，所以对乳品类饲料要注意保存。禁止用酸败变质的乳品喂毛皮动物。鲜乳要加温 70℃、灭菌 10~15min。如使用乳粉、奶酪等乳类饲料，需要将其稀释或绞碎后再与其他饲料搅拌混合饲喂。

2. 蛋类饲料

鸡蛋、鸭蛋等蛋类饲料是生物学价值很高的蛋白质饲料，还富含多种其他营养素。全蛋蛋壳占 11%、蛋黄占 32%、蛋白占 57%。含水量为 70% 左右，粗蛋白质含量 13%，脂肪含量为 11%~15%。在公兽配种准备期、配种期添加少量的蛋类，对提高精液品质和增强精子活力有良好的作用。母兽妊娠期、哺乳期添加少量蛋类，对胚胎发育和提高初生仔兽的生活力以及维持较高的泌乳量都有显著的作用。蛋清里含有卵白素，有破坏维生素的作用，故不宜生喂。由于蛋类饲料价格较高，所以，一般仅在繁殖期少量利用，一般每只每天饲喂量为0.5~1个。如临近大型养禽场，有充足的破碎蛋来源时，在各个生物学时期都可添加，会更有利于毛皮动物的繁殖、泌乳、生长及毛皮品质。

孵化业的石蛋和毛蛋也可以饲喂毛皮动物，但必须保证新鲜，并经煮沸消毒。饲喂量与鲜蛋大致一样。

二、干动物性饲料

干动物性饲料便于贮存和运输，而且也不受季节和地域的限制，适合一些不具备贮存鲜饲料条件及饲养规模较小的饲养场使用。干动物饲料原料的种类较多，来源也比较广。常用的干动物性饲料主要有鱼粉、肉骨粉、血粉、羽毛粉、蚕蛹粉等。

（一）鱼粉

鱼粉是用一种或多种鱼类为原料，经去油、脱水、粉碎加工后的高蛋白质饲料原料。鱼粉作为营养均衡的优良饲料原料，在毛皮动物饲料中扮演着重要角色。全世界的鱼粉生产国主要有秘鲁、智利、日本、中国、泰国、丹麦、美国、挪威等。我国鱼粉主要生产地在山东省（约占国内鱼粉总产量的50%）、浙江省（约占25%），其次为河北、天津、福建、广西等省市。我国饲料用鱼粉进口来源国主要包括秘鲁、越南、智利、美国和俄罗斯等国，其中秘鲁是我国饲料用鱼粉最大进口来源国。2018年中国从秘鲁进口鱼粉数量达78.4万t，占总进口量的比重达53.7%，其次为越南和智利，分别占比9.01%、6.29%。

鱼粉是毛皮动物饲养场常用的干动物性饲料原料之一。由于鱼粉的产地、加工方法和原料来源的不同，其质量差别很大。优质鱼粉的蛋白质含量很高，通常含粗蛋白质65%以上，并含有大约9%的脂肪。普通鱼粉蛋白质含量为60%左右。鱼粉中必需氨基酸的含量较高，尤其是蛋氨酸、赖氨酸、色氨酸、苏氨酸等限制性氨基酸含量都很高。另外，鱼粉还含有丰富的矿物质和维生素，鱼粉中的脂肪富含n-3多不饱和脂肪酸。总之，鱼粉营养丰富全面，适口性好，是貂、狐、貉很好的干粉蛋白质饲料原料。

在使用鱼粉时应注意以下几点，一是鱼粉中的食盐含量，优质的鱼粉食盐含量为 1%~2%，而劣质鱼粉食盐含量可能达到 10%以上，若日粮中使用劣质鱼粉的比例较高，就将导致饲粮食盐含量过高，则会引起毛皮动物腹泻甚至食盐中毒，所以含盐量过高的鱼粉不宜用来饲喂，或在饲料中的比例要适当减少。二是鱼粉的脂肪含量较高，通常鱼粉的脂肪含量在 8%~10%，鱼粉中脂肪的主要成分为多不饱和脂肪酸，很容易氧化酸败，贮藏时间过长容易发生脂肪氧化变质、霉变，严重影响适口性，降低鱼粉的品质。三是鱼粉掺假问题，因为市场鱼粉价格较高，掺假现象比较多，常用的掺假原料有：羽毛粉、血粉、皮革蛋白粉、肉骨粉等，用户在购买时要进行品质鉴定。试验结果表明，水貂对于鱼粉的蛋白质消化率（80%）低于鲜鱼蛋白质的消化率（92%），饲喂鱼粉的水貂肠道中游离氨基酸的水平比饲喂鲜鱼的高，说明水貂对鱼粉氨基酸的吸收强度比鲜鱼低。对于水貂而言，在繁殖期和冬毛期，用高质量的鱼粉与其他鲜冻饲料混喂，对繁殖率及毛皮品质均无不良影响。

（二）肉骨粉、肉粉

肉骨粉是利用动物屠宰后不适宜人食用的家畜躯体、骨、内脏等下脚料，以及肉类罐头厂、肉品加工厂等的残余碎肉，经过切碎、充分煮沸、压榨、分离脂肪后的干燥产品制成的粉末。如果加工过程中不含有骨头，即为肉粉。一般蒸煮肉粉的优质产品蛋白质含量为 55%~60%，肉骨粉的蛋白质含量为 50%左右。肉骨粉与肉粉的质量与营养成分取决于原料种类与成分、加工方法、脱脂程度以及贮藏时间等。总体而言，肉骨粉的蛋白质含量较高，但其粗蛋白质主要来自磷脂（卵磷脂、脑磷脂等）、无机氮（尿素、氨基酸等）、角质蛋白（角、蹄等）、结缔组织蛋白、水解蛋白和肌肉组织蛋白。其中，磷脂、无机氮及角质蛋白利用价值很低，结缔组织蛋白与水解蛋白利用率较差，肌肉组织蛋白利用价值最高。肉骨粉的氨基酸组成欠佳，赖氨酸、蛋氨酸和色氨酸均较低，并且氨基酸组成、含量及利用率变化很大，易因加热过度而不易被动物吸收。肉骨粉钙、磷、B 族维生素含量较多，但维生素 A、维生素 D 含量较少，脂肪含量高，易变质，贮藏时间不宜过长。随着饲粮中肉骨粉和肉粉用量增加，饲粮适口性降低，生产性能下降。建议饲喂量控制在日粮干物质含量的 20% 以下。购买时应特别注意，肉骨粉和肉粉当中普遍混杂着有水解羽毛粉、血粉、蹄角粉、贝壳粉、肠胃内容物粉等，正常含钙量应为磷的 2 倍左右，灰分含量应为含磷量的 6.5 倍以下，如果比例异常就有掺假的可能。

（三）血粉

血粉是以动物血液为原料，经脱水加工而成的粉状动物性蛋白质补充饲料。血粉的粗蛋白质含量高达 80%～90%，赖氨酸含量达 7%～8%（比常用鱼粉含量还高），含硫氨基酸含量与进口鱼粉相近（1.7%），但精氨酸含量低，总的氨基酸组成极不平衡，亮氨酸是异亮氨酸的 10 倍以上。血粉蛋白质品质较差，血纤维蛋白不易消化，氨基酸利用率相对较低。不同动物来源的血粉也相差较大。鸡血的赖氨酸含量比猪血和牛血低，猪血与牛血比较，猪血含组氨酸、精氨酸、脯氨酸、甘氨酸、异亮氨酸较多，而牛血含赖氨酸、羟丁氨酸、缬氨酸、亮氨酸、酪氨酸、苯丙氨酸较多。因此，饲喂时混合搭配优于单一血粉。总之，血粉是蛋白质含量很高的饲料，同时又是氨基酸极不平衡的饲料。根据血粉的营养特点，以及适口性差等原因，建议可作为貂、狐、貉的蛋白质饲料来源，但添加量应控制在 5% 左右。

（四）羽毛粉

羽毛粉是将家禽羽毛净化消毒，再经蒸煮、酶水解、粉碎或膨化成粉状，可作为毛皮动物的蛋白质补充饲料。羽毛是禽类的被覆组织，是由上皮组织分化而来的，是高度角质化了的上皮组织。羽毛蛋白质中 85%～90% 为角蛋白质，属于硬蛋白类。羽毛蛋白质结构坚固，不易被一般工艺水解，不经加热加压处理的生羽毛粉，很难被动物消化利用，对毛皮动物饲用价值很低。羽毛蛋白质的主要成分为含双硫键的角蛋白质，经熟制、膨化、水解或酸化处理后，其利用价值可有效提高。蛋白质中含有丰富的胱氨酸，可高达 4%，但如水解过度，胱氨酸损失较多。含亮氨酸和异亮氨酸均较高，分别为 6.7% 和 4.2%。但赖氨酸、蛋氨酸、色氨酸、组氨酸等含量均较低。羽毛粉的饲用价值取决于原料的质量、加工工艺和水解程度。但总体而言，羽毛粉饲用价值较低，主要用于补充含硫氨基酸需要量，在每年的冬毛生长期饲喂，有利于貂、狐、貉的毛绒生长，并可以预防狐、貉的自咬症和食毛症。羽毛粉适口性较差，营养价值也不平衡，一般需与含赖氨酸、蛋氨酸、色氨酸高的其他动物性饲料搭配使用，建议貂、狐、貉冬毛生长期添加量控制在5%以下。

（五）蚕蛹粉及蚕蛹粕

蚕蛹粉是蚕蛹没有经过脱脂，即干燥、粉碎后的产品。蚕蛹粕是蚕蛹经过脱脂后，再进行干燥、粉碎的产品。蚕蛹粉和蚕蛹粕两者均为优良的蛋白质源饲料，粗蛋白质含量分别为51%和71%。粗脂肪含量分别为26.7%和3.2%。蛋氨酸含量很高，分别为2.2%和2.9%，是所有饲料中含量最高者。赖氨酸含量也较高，分别为3.3%和4.3%。色氨酸含量可达1.2%~1.5%。B族维生素含量丰富。总之，蚕蛹粉与蚕蛹粕是平衡饲粮氨基酸组成的优良饲料。另外，其钙、磷含量较低，钙磷比大约为1∶4.5，所以也可以将蚕蛹粉和蚕蛹粕作为调整饲粮钙磷比的动物性磷源饲料。蚕蛹粉及蚕蛹粕在毛皮动物饲粮中可广泛使用，但由于其价格较高，并含有貂、狐、貉不能消化的几丁质（又名甲壳质），故用量不宜过多，一般不超过日粮的15%。

第二节　常用植物性饲料

貂、狐、貉均能利用植物性饲料作为其能量及蛋白质等的重要来源，相对貂、狐而言，貉可以说是肉食动物中的杂食类动物，即可消化利用更多的植物性饲料。但由于植物性饲料的适口性及利用率具有一定的局限性，所以植物性饲料必需熟化后才能饲喂毛皮动物，经过膨化、蒸煮等加工后的植物性饲料可以有效提高其适口性及消化吸收率。毛皮动物常用的植物性饲料包括能量饲料、蛋白质饲料及块根块茎和果蔬类饲料。

一、能量饲料

能量饲料是指在干物质中粗纤维含量低于18%，粗蛋白含量低于 20%的饲料。其特点是含无氮浸出物高、粗纤维含量低、能值含量高。但蛋白质和必需氨基酸含量不足，钙、维生素 A、维生素 D 缺乏。在毛皮动物养殖中，常用的能量饲料包括玉米、小麦麸、酒糟等。

（一）玉米

玉米属于能量饲料中的谷物籽实类，其能值一般高于 16MJ/kg，列在各种谷物籽实的首位。玉米是貂、狐、貉最主要的植物性能量饲料。玉米含粗纤维很少，仅为 2%，而无氮浸出物高达 72%。与饼粕类饲料中的无氮浸出物是难消化的聚糖类不同，玉米中的无氮浸出物主要为容易消化的淀粉。玉米的粗脂肪含量也较高，为 3.5%～4.5%，并且有较高的亚油酸含量（2%），是所有谷物籽实类饲料中含量最高者。亚油酸是动物的必需脂肪酸，缺乏时将导致生长受阻、繁殖性能下降等。玉米的粗蛋白质含量偏低，而且因不同品种、不同产地含蛋白质也存在较大差异，一般为 7.2%～9.3%，平均为 8.6%。玉米的蛋白质品质较低，赖氨酸、蛋氨酸、色氨酸缺乏，平均含量分别为 0.25%、0.15%、0.07%。由于毛皮动物的日粮组成中，动物性饲料占有相当高的比例，所以配合饲料较容易达到氨基酸之间的平衡。玉米的适口性好，且种植面积广，产量高，是比较普遍应用的貂、狐、貉饲料之一。但玉米作为貂、狐、貉饲料一般要经过蒸煮或膨化加工，毛皮动物采食未经熟化的玉米后会导致消化利用率低、腹泻等。

（二）小麦麸

小麦麸又称麸皮，是小麦加工成面粉过程中的副产品。小麦麸的营养价值因加工工艺不同差别很大。蛋白质含量较高，可达 12.5%～17%，含 B 族维生素丰富，核黄素与硫胺素含量分别为 3.55mg/kg 与 8.99mg/kg。粗纤维含量较高，为 8.5%～12%，无氮浸出物大约含 58%。赖氨酸含量较高，约为 0.67%，蛋氨酸含量较低，为 0.11%左右。小麦麸中含有丰富的锰和锌，铁的含量差异较大，钙、磷的含量比极不平衡，干物质中钙含量为 0.16%，而磷含量为 1.31%，钙磷比为 1：8，虽然含磷较多，但约 65%为植酸磷。小麦麸属于粗蛋白质含量较高、粗纤维也高的中低档能量饲料，用作毛皮动物饲料时，应特别注意占日粮的比例不能太高，一般用量在10%以下。

(三) 酒糟

酒糟是制酒工业及酒精工业的副产品，粗纤维含量高且因原料不同变化幅度较大，粗纤维占干物质的4.9%～37.5%，无氮浸出物含量低，在40%～50%，粗蛋白质含量高，约在20%以上，可在貉日粮中少量使用。酒糟营养含量稳定，但不齐全，饲喂过多可引起便秘及消化不良。

二、蛋白质饲料

(一) 大豆

貂、狐、貉饲粮中，通常使用一定比例的膨化大豆。大豆是较好的蛋白质饲料原料，富含蛋白质和脂肪，干物质中粗蛋白质含量为30.6%～36%，脂肪含量为11.9%～19.7%，赖氨酸含量高达2.09%～2.56%，蛋氨酸含量少，为0.29%～0.73%。蛋白质的生物学价值优于其他植物性蛋白质饲料，大豆含粗纤维少，且脂肪含量高，因此能值较高。但大豆中钙磷比例不适宜，胡萝卜素和维生素D、硫胺素、核黄素含量也不高。但大豆作为貂、狐、貉饲料时，必须进行蒸煮或膨化处理，否则会导致动物消化不良，经膨化的大豆可以占到貂、狐、貉饲粮的5%～20%。

(二) 豆饼和豆粕

大豆饼和豆粕是我国最常用的植物性蛋白质饲料，在毛皮动物养殖中也广泛应用。大豆饼粕中的蛋白质含量因大豆品种和加工方法的不同存在差异，通常为40%～45%。为常用饼粕类原料中氨基酸比例最好的饲料，含赖氨酸2.5%～3.0%、色氨酸0.6%～0.7%、蛋氨酸0.5%～0.7%、胱氨酸0.5%～0.8%；含胡萝卜素较少，仅0.2～0.4mg/kg；硫氨素和核黄素也很少，仅3～6mg/kg；烟酸和泛酸稍多，在15～30 mg/kg；胆碱含量最为丰富，达2 200～2 800mg/kg。豆饼含脂肪可达4%～6%，豆粕中含脂肪较少，约1%。亚油酸占脂肪的50%。大豆饼和豆粕中含有胰蛋白酶抑制因子等抗营养因子，豆饼和豆粕作为貂、狐、貉饲料必须要经过加热处理，以降低其抗营养因子及有害物质含量。经过膨化或加热的豆饼、豆粕均可按一定比例在毛皮动物饲粮中使用。

（三）花生仁饼、花生仁粕

花生仁饼、粕是以脱壳后的花生仁为原料，经榨油后的副产品。带壳花生饼、粕含粗纤维 15% 以上，饲用价值低。国内一般都去壳榨油，去壳花生饼、粕中的粗纤维含量为 4%~6%。花生饼、粕饲用价值仅次于豆饼，蛋白质和能量都比较高。花生仁饼和粕中所含粗蛋白质分别为 45% 和 48%，但其中有 65% 为不溶于水的球蛋白，蛋白质的质量不如豆饼。其氨基酸组成不佳，含赖氨酸 1.5%~2.1%、色氨酸 0.45%~0.61%、蛋氨酸为 0.4%~0.7%、胱氨酸 0.35%~0.65%、精氨酸含量高达 5.2%。用机榨法或用土法压榨的花生饼中一般含有 4%~6% 的粗脂肪，高者可达 11%~12%，脂肪熔点低，脂肪酸以油酸为主，占 53%~78%，容易发生酸败。含胡萝卜素和维生素 D 极少，硫胺素和核黄素 5~7mg/kg、烟酸 170mg/kg、泛酸 50mg/kg、胆碱 1 500~2 000mg/kg。矿物质含量中钙少磷多，磷多为植酸磷；铁含量较高，而其他元素较少。花生饼、粕本身无毒，但因贮存不当可产生黄曲霉，故贮存时切忌发霉。

三、块根块茎和果蔬类饲料

块根、块茎、瓜果类饲料包括胡萝卜、甘薯、马铃薯、木薯、南瓜、甜菜、大白菜、西葫芦等。块根块茎类饲料水分含量在 75% 以上，也叫多汁饲料。这类饲料水分含量很高，体积大，但干物质、能量、蛋白质、钙等含量较少。就干物质而言，它们的粗纤维含量较低、粗脂肪含量较少、无氮浸出物含量很高。果蔬类饲料主要作用是提供毛皮动物维生素和矿物质，这类饲料维生素 A、维生素 E、维生素 C 等含量丰富。蔬菜类饲料还可起到增加适口性的作用。但由于果蔬类饲料能量较低，所以，在日粮中所占比例不宜过大，通常可占饲料总量的 3%~10%。

第三节 常用添加剂类饲料

饲料添加剂是指在饲料生产加工、使用过程中添加的少量或微量物质，在饲料中用量很少但作用很显著。饲料添加剂对强化基础饲料营养价值，提高毛皮动物生产性能、保证动物健康、节省饲料成本以及改善毛皮动物产品品质等方面都有明显的效果。大量的试验结果表明，在日粮中适当添加饲料添加剂，可改善毛皮动物肠道健康、提高生长速度、提高免疫力和繁殖性能，毛皮优质率也显著增加。饲料添加剂在水貂、蓝狐、貉的养殖中均取得了良好的应用效果。

饲料添加剂可分为营养性添加剂和非营养性添加剂两种。前者包括氨基酸、维生素和矿物质添加剂；后者包括饲用酶制剂、微生态制剂等。

一、营养性添加剂

（一）氨基酸饲料添加剂

氨基酸是构成蛋白质主要的原料和基本单位。蛋白质是由 20 多种α-氨基酸分子按一定顺序结构连接而成的具有一定构型的高分子有机物。α-氨基酸是一切蛋白质的组成单位，不仅是毛皮动物机体各种组织细胞的重要组成成分，而且也是机体内许多重要生物分子（如激素、酶等）的前体。

毛皮动物的蛋白质营养实质是氨基酸的营养。因为氨基酸是组成蛋白质的基本单位，饲料中蛋白质经动物消化道酶的作用，分解为氨基酸后才能被动物吸收利用，构成机体组织或形成动物产品。因此当日粮各种氨基酸的组成和比例与毛皮动物的需要相吻合时，其才有可能最大限度地利用饲料蛋白质。毛皮动物所需的氨基酸分为必需氨基酸和非必需氨基酸。

1. 必需氨基酸

某些氨基酸在动物机体内不能合成或合成量很少，不能满足毛皮动物适宜的生长速度所需，而必须由饲料中供给的称为必需氨基酸。

毛皮动物氨基酸需要的显著特点是含硫氨基酸远高于其他家畜。

因为毛发中胱氨酸的含量很高，所以含硫氨基酸（蛋氨酸和胱氨酸）为毛皮动物日粮第一限制性氨基酸。毛皮动物营养需要中的必需氨基酸有：赖氨酸、蛋氨酸、色氨酸、缬氨酸、苯丙氨酸、亮氨酸、异亮氨酸、苏氨酸、组氨酸和精氨酸。

饲料蛋白质的质量取决于其所含必需氨基酸的数量及各种氨基酸的平衡情况。一般来说，动物性饲料蛋白质所含的必需氨基酸较全面而且比例也较适当，所以品质较好；谷类饲料及其他植物性饲料蛋白质中所含的必需氨基酸数量较少，而且比例不当，因而其品质较差。如果饲料中缺少某一种或某几种必需氨基酸，特别是缺少赖氨酸、蛋氨酸及色氨酸时，动物生长将出现停滞，体重下降，并且还将影响其整个日粮的消化和利用效率。每种必需氨基酸在毛皮动物生长、发育等各种生命活动中都具有十分重要的作用。

（1）赖氨酸　是合成脑神经、生殖细胞等细胞核蛋白及血红蛋白的必要成分，能促进动物性蛋白的合成，增进食欲，并能促进外伤、骨折等的痊愈。毛皮动物缺乏赖氨酸时食欲下降、生长停滞，氮平衡失调，皮下脂肪减少、消瘦、骨的钙化失常。鲜鱼、鱼粉等动物性饲料和大豆中含赖氨酸较丰富，在谷物类饲料中含量较低。

毛皮动物在快速生长阶段对赖氨酸的需要量较高，生长速度越快，生长强度越高，则需要的赖氨酸也越多。因而赖氨酸又叫"生长性氨基酸"。

（2）蛋氨酸　是必需氨基酸中唯一含有硫的氨基酸。它参与体内甲基的转移，是合成肾上腺素、胆碱、肌酸等的甲基供体；参与机体内血球蛋白的合成；肝脏内磷脂的代谢也需要蛋氨酸，有保护肝功能的作用；还有促进动物肌肉和被毛生长的作用；蛋氨酸还可以转化成胱氨酸。毛皮动物蛋氨酸缺乏时表现为发育不良，体重下降，肝、肾机能受损、贫血、肌肉萎缩和针绒毛光泽及弹性变差等。鱼粉、血粉等动物性饲料中含蛋氨酸较多，植物性饲料含量较少。蛋氨酸是毛皮动物容易缺乏的必需氨基酸之一。

用于饲料添加剂的蛋氨酸及其类似物包括DL-蛋氨酸、羟基蛋氨酸及其钙盐、N-羟甲基蛋氨酸。由于动物体内存在着羟基酸氧化酶、蛋氨酸氧化酶和转氨酶、DL-蛋氨酸和蛋氨酸羟基类似物都可转化成

L-蛋氨酸而被动物利用。

在毛皮动物体内，蛋氨酸可转化为胱氨酸，而胱氨酸不能转化为蛋氨酸。当饲粮中缺乏胱氨酸时，蛋氨酸能够满足含硫氨基酸的总需要，并且能为合成胆碱提供甲基，有预防脂肪肝的作用，对缺乏蛋氨酸和胆碱的饲料添加蛋氨酸都有效。同时蛋氨酸能促进毛皮动物毛皮的生长。

（3）色氨酸　有促进肝蛋白合成、抗应激、增加γ-球蛋白数量等方面的生理作用，是毛皮动物正常繁殖和泌乳所必需，参与血浆蛋白质的更新，促进核黄素发挥作用，还有助于烟酸、血红素的合成。毛皮动物缺乏色氨酸时表现为食欲下降、生长停滞、体重减轻、脂肪积累降低及种兽睾丸萎缩等。另外色氨酸缺乏还可引起动物贫血、皮炎和视觉障碍。各种饲料蛋白质中色氨酸的含量均较少。在饲粮中适当添加色氨酸可以增加动物体内γ-球蛋白的含量。研究发现，色氨酸可以增强狐的行为应激，并且对毛皮特别是冬毛的生长产生明显促进作用。

目前，世界各国作为饲料添加剂使用的色氨酸很少。据报道，日本有用发酵法和化学合成法生产的色氨酸，德国有用发酵法和合成法生产的色氨酸，我国武汉制药厂用合成法生产少量的医用色氨酸。商品化生产的色氨酸添加剂为化学合成的 DL-色氨酸。

（4）苏氨酸　在毛皮动物体内主要参与体蛋白质的合成。缺乏时会使动物氮利用率降低，体重迅速下降。

据报道，在动物饲粮中同时平衡赖氨酸、蛋氨酸和苏氨酸的含量及比例，饲粮粗蛋白质含量可降低 2~3 个百分点，而不降低生产性能。目前世界上有日本、德国生产苏氨酸，它们生产的均是 L-苏氨酸。

（5）组氨酸　是血红蛋白和肌蛋白的成分，参与机体的能量代谢，维持动物的正常代谢和生长。组氨酸缺乏时，毛皮动物食欲下降，生长受阻，饲料转化率降低。

所有蛋白质中均含有组氨酸，在血浆球蛋白中含量最多。贝类饲料含组氨酸也较多。

（6）精氨酸　是生长期动物的重要氨基酸，也是精子蛋白的主要成分。饲料中缺乏精氨酸时，动物生长停滞、体重迅速下降，精液品质显著降低。贝类动物性饲料中含有较多的精氨酸。

育成期水貂饲粮中精氨酸水平为1.95%～2.05%，赖氨酸水平为1.82%～1.91%时，水貂能获得较好的生长性能、营养物质消化率和免疫性能。冬毛期水貂饲粮中精氨酸水平为2.30%时，水貂可以获得较好的料重比、蛋白质生物学价值、氨基酸代谢和免疫性能。

育成期母狐饲粮精氨酸水平为2.41%，公狐饲粮精氨酸水平为2.61%，可提高蓝狐的生长性能，并利于动物机体健康。并且添加精氨酸对育成后期促生长作用明显。冬毛期母狐饲粮精氨酸水平为2.04%，公狐饲粮精氨酸水平为2.24%，可提高平均日增重，降低料重比。

（7）苯丙氨酸　参与甲状腺素、肾上腺素和色素的合成，也与造血功能有关。缺乏时，动物甲状腺和肾上腺的机能将受到破坏，代谢失常，体重降低。在动物性饲料及豆类中含有较丰富的苯丙氨酸。

（8）异亮氨酸　异亮氨酸与亮氨酸共同参与体蛋白的合成，还与碳水化合物、脂肪代谢有关。饲料中缺乏异亮氨酸时，毛皮动物食欲下降，不能很好地利用外源氮。鱼粉、饼粕类饲料中含有较多的异亮氨酸。

（9）亮氨酸　是合成体组织蛋白与血浆蛋白的重要原料。饲料中亮氨酸缺乏时，毛皮动物食欲下降，饲料利用率降低，氮代谢出现负平衡。血粉、谷物中亮氨酸含量较多。

（10）缬氨酸　具有保持神经系统机能正常运转的作用，同时还参与动物淀粉的合成与利用。饲料中缬氨酸不足时，毛皮动物生长停滞，神经机能障碍，运动失调。血粉、亚麻仁、胚芽等饲料中含有较多的缬氨酸。

2. 非必需氨基酸

有些氨基酸可以依靠动物体内的碳链和氨基来合成，以满足其营养需要，称为非必需氨基酸。

有少数几种氨基酸无法确切地归为必需氨基酸还是非必需氨基酸。在动物体内可以利用蛋氨酸合成半胱氨酸，但不能利用胱氨酸合成蛋氨酸，因而蛋氨酸是必需氨基酸；苯丙氨酸可转化为酪氨酸，但酪氨酸不能转化为苯丙氨酸。

在毛皮动物的常规日粮中通常都含有足够的非必需氨基酸或合成这些氨基酸所需的氨基，因此毛皮动物氨基酸营养的重点是必需氨基酸。

（二）维生素添加剂

维生素是一类低分子有机化合物，既不为动物提供能量，也不是构成体组织的成分，但却是维持动物正常生理机能及动物生命活动所必需的物质。其主要功能是调节动物体内各种生理机能的正常进行，对动物的健康、生长、繁殖和泌乳等都起着很重要的作用。

根据维生素的溶解性将其分为两大类，即脂溶性维生素和水溶性维生素。脂溶性维生素通常是指那些能溶于脂肪及其他脂溶性溶剂的维生素，包括维生素 A（视黄醇）、维生素 D（钙化醇）、维生素 E（生育酚）和维生素 K（抗出血维生素）四种。从结构上看，脂溶性维生素只含有碳、氢、氧三种元素。从来源上看，维生素 A、维生素 D 和维生素 E 都来源于饲料中，维生素 K 能够由动物体消化道的微生物合成。

水溶性维生素是指能溶于水的维生素，包括 B 族维生素和维生素 C（抗坏血酸）。B 组维生素主要包括 9 种，即维生素 B_1（硫胺素）、维生素 B_2（核黄素）、维生素 B_6（吡哆醇）、维生素 B_{12}（钴胺素）、生物素（维生素 H）、叶酸（维生素 B_{11}）、烟酸（尼克酸、维生素 PP、维生素 B_5）、泛酸（维生素 B_3）、胆碱（维生素 B_4）。水溶性维生素结构上除含有碳、氢、氧 3 种元素外，有些还含有氮、硫或钴。B 族维生素除饲料中含有外，还能在动物消化道中通过微生物发酵合成。

1. 脂溶性维生素

（1）维生素 A　又名视黄醇或抗干眼病醇，是高度不饱和脂肪醇。维生素 A 是维生素 A_1（视黄醇）和维生素 A_2（脱氢视黄醇）的统称。维生素 A_2 的生理活性仅为维生素 A_1 的 40%。

维生素 A_1 和维生素 A_2 均为淡黄色结晶体，不溶于水而能溶于多种脂溶剂中。缺氧状态下对高温稳定，加热至 120~130℃时不发生化学变化，但在有氧状态能迅速分解，紫外线照射可使其被破坏。

维生素 A 的主要作用是保护上皮组织结构的完整和健全，促进结缔组织中黏多糖的合成、维护细胞膜和细胞器膜（线粒体、溶酶体等）结构的完整；维持正常的视觉、骨骼正常生长和神经系统的正常机能等。此外，维生素 A 还能调节动物体内蛋白质、脂肪和碳水化合物的代谢。

维生素 A 仅存在于动物体内，在肝脏脂肪中含有丰富的维生素 A。此外，乳脂和蛋黄等也含有维生素 A。动物性饲料中，鱼粉是维生素 A 的良好来源，而脱脂乳、瘦肉、肉粉、肉骨粉等维生素 A 的含量很少。

胡萝卜素主要存在于植物性饲料中，幼嫩多汁的青绿饲料和胡萝卜中含有极为丰富的胡萝卜素；南瓜、黄心甘薯和黄心洋萝卜等也含有较多数量的类胡萝卜素；禾谷类籽实（黄玉米除外）胡萝卜素含量贫乏。

长期饲喂维生素 A 或胡萝卜素不足的日粮，可延缓视网膜中视紫质的再生作用，影响动物对弱光刺激的感受而产生夜盲症；维生素 A 不足使多种黏多糖的合成受阻，引起上皮组织增生、干燥和过度角质化，易发生细菌感染并产生一系列的继发病，如干眼病或失明、肺炎、下痢、尿道结石、流产与死胎等；影响体内蛋白质的合成及骨组织的正常发育；还可引起神经系统的机能障碍，如生长动物产生共济运动失调、肢体麻痹和痉挛等。

维生素 A 添加剂主要有 3 种形式，即维生素 A 醇、维生素 A 乙酸酯和维生素 A 棕榈酸酯。因维生素 A 醇稳定性较差，所以，作为饲料添加剂多用维生素 A 乙酸酯和维生素 A 棕榈酸酯。另外还有 β-胡萝卜素和鱼肝油。

（2）维生素 D　又叫抗佝偻病维生素，属类固醇衍生物，其中主要是维生素 D_2 和维生素 D_3 对动物具有营养作用。维生素 D_2 和维生素 D_3 均为白色或黄色粉末，溶于油及有机溶剂中，能被氧迅速破坏。

存在于植物及酵母中无活性的维生素 D_2 元（麦角固醇），经紫外线照射后可转变为维生素 D_2；动物皮肤中无活性的维生素 D_3 元（7-脱氢胆固醇），经日光中紫外线照射后转变为维生素 D_3。维生素 D 在体内必须转变为具有活性的物质才能发挥其作用。进入动物体内的维

生素 D_3，在肝脏被氧化成为 25-羟维生素 D_3，再进入肾脏进一步氧化成为 1,25-二羟维生素 D_3，然后通过血液运送至肠道和骨骼等组织中发挥生理作用。

毛皮动物体内的维生素 D 主要贮存于肝脏内，部分存在于血液中，维生素 D_3 可直接贮存于动物的皮肤内，其量约为肝脏和血液中维生素 D_3 含量的 2~3 倍。

毛皮动物缺乏维生素 D_3 时，首先动用血液中贮存的维生素 D_3，当血液中维生素 D_3 枯竭时，机体就动用肝脏中贮存的维生素 D。

维生素 D 能维持血液中钙离子的正常浓度；它与甲状旁腺一起，使钙和磷从骨骼中释出；降低肠道 pH，激活肠上皮细胞的运输体系，以增加钙、磷的吸收；调节肾脏对钙、磷的排泄；使血钙与血磷的浓度增加，保证骨骼的正常钙化过程。

当维生素 D 长期供应不足或缺乏时，可导致动物机体矿物质代谢紊乱。影响幼龄毛皮动物骨骼的正常发育，常表现为佝偻病，生长停滞；对成年毛皮动物，特别是妊娠及哺乳期动物则引起骨软症或骨质疏松症。

动物性饲料中以鱼肝油和肝粉中维生素 D 的含量最丰富。此外，工业上合成的维生素 D 也是补充其不足的主要来源。作为饲料添加剂的维生素 D，最主要的是维生素 D_2 和维生素 D_3。

（3）维生素 E   天然存在的维生素 E 约有 8 个同类物，分属于两组：生育酚（α、β、γ 和 δ 4 种）和生育三烯酚（α、β、γ 和 δ 4 种）。其中以 α-生育酚分布较广，活性最强。

毛皮动物体内的维生素 E 主要是作为生物催化剂来发挥作用。当给缺乏维生素 E 的动物补饲维生素 E 时，则能改善氧的利用而促使组织细胞呼吸过程恢复正常；防止易氧化物质在饲料、消化道及内源代谢中的氧化作用；保护富含脂质的细胞膜不被破坏；对黄曲霉素、亚硝基化合物等具有抗毒作用；调节前列腺素及某些蛋白质的合成；维持肌肉、血管及中枢神经系统正常功能。

维生素 E 缺乏会影响毛皮动物的繁殖机能，公兽睾丸生殖上皮变性，精子形成受阻，精液品质不良，正常精子数量减少；母兽受胎率下降，即使受胎可能发生胎儿死亡、产弱仔或胎儿被吸收。

维生素 E 源的饲料添加剂主要有维生素 E 粉和维生素 E 乙酸酯。维生素 E 粉是以维生素 E 为原料，加入适量的吸附剂后制成，为白色或淡黄色粉末，易吸潮。商品维生素 E 添加剂通常是 50%的 DL-α-生育酚乙酸酯，即 2mg 等于 1 个国际单位。维生素 E 添加剂通常有粉剂和油剂。

（4）维生素 K　又叫"凝血维生素""抗出血维生素"等。主要有 3 种形式：由植物中分离的维生素 K_1（叶绿醌），由细菌合成的维生素 K_2（甲基萘醌）、人工合成的维生素 K_3（α-甲基萘醌）。

在毛皮动物体内具有生物活性的是维生素 K_2，而维生素 K_1 和维生素 K_3 都要转化为维生素 K_2 才能起作用。3 种维生素 K 都在动物肝脏转化成维生素 K_2，并和胃肠微生物合成的维生素 K_2 一起被动物吸收利用。

维生素 K 在体内的作用主要是催化肝脏中凝血酶原以及凝血活素的合成。通过凝血因子的作用使血液凝固，维持正常的凝血时间。此外，维生素 K 还参与蛋白质的生化合成、细胞代谢作用；维生素 K 还具有利尿、强化肝脏的解毒功能，并能降低血压。

维生素 K 以不稳定的维生素 K_1 形式存在于叶绿饲草中。谷物和油饼仅含少量的维生素 K。动物在不同程度上能在胃肠道内通过微生物合成维生素 K_2。

当维生素 K 不足时，会限制凝血酶原的合成而使凝血时间延长，显著降低血液凝固的速度，从而伤口不易愈合。

2. 水溶性维生素

（1）维生素 B_1　又叫硫胺素、抗神经炎维生素、抗脚气病维生素等。维生素 B_1 在体内主要通过其活性形式焦磷酸硫胺素起作用，后者是许多酶的辅酶，这些酶参与体内的碳水化合物和蛋白质的代谢。维生素 B_1 作为神经介质和细胞膜的组成成分，参与脂肪酸、胆固醇和神经介质乙酰胆碱的合成，影响神经节细胞膜离子的转移，降低磷酸戊糖途径中转酮酶的活性而影响神经系统的能量代谢和脂肪酸的合成。对维持神经组织和心肌的正常功能具有重要的作用，对胃肠道有保护作用，维持肠蠕动、脂肪吸收和酶的活力。

所有饲料中都含有一定量的维生素 B_1。糠麸类、豆粉、内脏、乳、蛋及酵母中维生素 B_1 含量较多，木薯淀粉、干油饼、肉骨粉和椰子粕中的维生素 B_1 含量很低。

维生素 B_1 缺乏时，碳水化合物代谢强度及脂肪的利用率迅速减弱，出现食欲减退、消化紊乱、后肢麻痹、强直震颤等多发性神经炎症状；动物生长缓慢、发育迟缓；怀孕期缺乏维生素 B_1，产出的仔兽色浅，生命力弱。

维生素 B_1 饲料添加剂主要有盐酸硫胺素和硝酸硫胺素。

（2）维生素 B_2　又叫核黄素、乳黄素、卵黄素等，是由一个异咯嗪环和核糖醇组成。维生素 B_2 以 FAD 和 FMN 的形式参与体内的碳水化合物、蛋白质、脂质代谢过程中的氧化-还原反应，对三大类营养物质的代谢有非常重要的作用。

维生素 B_2 广泛存在于青绿饲料（绿色多叶植物等）和动物性饲料（脱脂乳、乳清、乳制品、蛋、酵母等）中；油饼（粕）饲料中含量中等；植物性饲料中的木薯粉、玉米和其他谷物及其加工副产物中含量很少。

维生素 B_2 能够显著影响冬毛期水貂肝脏中 CPT I 和 ACADS 基因的表达量，极显著影响 GR 基因表达量。当维生素 B_2 添加水平为 10mg/kg 时，水貂肝脏中 CPT I 基因表达量最高；添加水平为 5mg/kg 时，肝脏中 ADACS 和 GR 基因表达量最高。育成期饲粮维生素 B_2 适宜水平为 13.35~23.35mg/kg，冬毛期饲粮维生素 B_2 添加适宜水平为 7.99~22.99mg/kg。当毛皮动物缺乏维生素 B_2 时，新陈代谢发生障碍，引起生长迟缓、饲料利用率降低和腹泻等。

维生素 B_2 可从天然物中提取，作为饲料添加剂的维生素 B_2 主要是通过生物发酵法和合成法生产的。

（3）维生素 B_6　又叫吡哆醇、抗皮炎因子等。主要有 3 种化合物：吡哆醛、吡哆醇和吡哆胺。维生素 B_6 主要以活性磷酸吡哆醛的形式发挥作用，是许多种酶的辅酶，参与毛皮动物体内的许多代谢反应，包括氨基酸代谢、碳水化合物代谢、脂肪代谢和各种矿物质无机盐的代谢。主要通过转氨基作用、无氧化脱氨基作用、脱羧基作用和氨基酸的脱硫作用而发挥作用。

维生素 B_6 大量含于酵母、籽实及其加工副产物、青绿饲料、动物性饲料（肝、肾、肌肉等）中。植物性饲料中主要是磷酸吡哆醇和磷酸吡哆胺，动物性饲料中主要是磷酸吡哆醛。

维生素 B_6 缺乏时，动物表现痉挛、生长停滞，并出现贫血和皮肤炎。周围神经和中枢神经系统发生病变，蛋白质积聚减少，肝脏和心脏受到损伤。

维生素 B_6 常见的饲料添加剂为吡哆醇盐酸盐（盐酸盐吡哆醇）。

（4）维生素 B_{12}　是所有维生素中结构最复杂的一种维生素，又叫钴胺素、动物蛋白因子等，其最稳定的形式是钴胺素。维生素 B_{12} 是生成血细胞、促进生长和各种代谢过程所必需的，它的主要作用是调解骨髓的造血过程，与红细胞成熟密切相关。维生素 B_{12} 是异构酶、脱水酶和参与由同型半胱氨酸进行蛋氨酸生物合成过程的酶类等多种酶系的辅酶，主要促进一些化合物的异构、甲基转换等。

维生素 B_{12} 仅存在于动物性饲料中，如鱼粉、肉粉、肝脏、脱脂奶粉等产品，其中以肝脏含量最丰富。植物性饲料中不含维生素 B_{12}。

毛皮动物维生素 B_{12} 缺乏时，红细胞浓度降低、神经敏感性增强、严重影响繁殖力。缺乏维生素 B_{12}，幼龄动物比成年动物所受影响更大。

作为饲料添加剂用的维生素 B_{12} 是以维生素 B_{12}（钴胺素）为原料，加入玉米淀粉或碳酸钙载体制成粉剂，为粉红色或暗红色的粉末，较易吸湿水分。

（5）生物素　又叫维生素 H、辅酶 R 等，具有 8 种可能的立体异构体，但具有生物活性的仅有 d-生物素一种。生物素的主要作用是在脱羧反应、羧化反应和脱氨反应中起辅酶的作用，参与碳水化合物、脂肪和蛋白质的代谢。生物素还与乙酰胆碱的合成和胆固醇代谢有关。此外，生物素还与溶菌酶活性及皮脂腺的功能有关。

生物素广泛存在于动物性饲料和植物性饲料中。蛋白质类饲料、青绿饲料中含量丰富，多数谷物和木薯粉等饲料含生物素很少。油粕、干酵母中生物素的利用率最好；鱼粉、肉粉次之；谷物一般都较差，其中小麦和大麦最差（10%~30%）。

毛皮动物缺乏生物素，可导致生长缓慢，饲料利用率降低，毛绒品质差等症状。作为饲料添加剂的生物素一般都是含量为 2% 的 d-生物素。

（6）叶酸　也叫维生素 B_{11}，蝶酰谷氨酸。叶酸是单蝶酰谷氨酸及其许多衍生物的统称。一般常说的叶酸以及人工合成的叶酸均指单蝶酰谷氨酸，由蝶啶环、对氨基苯甲酸和谷氨酸 3 部分组成。叶酸主要以四氢叶酸的形式作为辅酶参与一碳基团的转移，在嘌呤、嘧啶及蛋白质合成中发挥作用；也影响动物的免疫功能，促进免疫球蛋白的生成；对正常血细胞的形成有促进作用，共同参与生成红细胞和血红蛋白。

除木薯淀粉外，所有的籽实、块茎、块根类植物、动物和微生物中均含有叶酸。绿色植物、干酵母、大豆粕和鱼粉含有大量叶酸；谷物中含叶酸较少。毛皮动物也能在机体内合成一定数量的叶酸。在饲料中添加抗生素的条件下，有可能发生叶酸缺乏症，表现为生长缓慢、巨红细胞贫血和血细胞减少等。

（7）烟酸　又叫尼克酸、维生素 PP，是吡啶-3-羧酸及其衍生物的统称，是维生素中结构最简单、理化特性最稳定的一种，不易被酸、碱、金属离子、光、热、氧化剂等所破坏。烟酸在毛皮动物体内的主要存在形式是烟酰胺。烟酸在动物体内以烟酰胺的形式发挥作用，烟酰胺是辅酶Ⅰ（烟酰胺腺嘌呤二核苷酸）和辅酶Ⅱ（烟酰胺腺嘌呤二核苷酸磷酸）的组成成分，在机体内参与氢的传递，参与脂肪、碳水化合物和氨基酸代谢过程中许多脱氢酶的作用，还参与蛋白质的合成、DNA 的合成和修补等生物反应。另外，它们对维持动物皮肤和消化器官的正常功能，也是不可缺少的。

蛋白质类饲料、谷类籽实及其副产品中都含有不同量的烟酸，而烟酰胺主要存在于动物的细胞中。动物性蛋白质饲料、干酵母、麸皮、青绿饲料中都含有比较丰富的烟酸或烟酰胺；谷物及其副产品中有很大一部分烟酸是以结合形式存在的，不能直接被动物利用。

毛皮动物烟酸缺乏时，一般表现为消化道功能紊乱和皮肤病变、食欲减退、生长迟缓，皮肤发炎、被毛粗糙及毛绒品质下降等。

烟酸的商品添加剂形式有两种，即烟酸和烟酰胺，在维生素活性方面，两者可以互换，而且两者均较稳定。

（8）泛酸　是辅酶 A 和酰基载体蛋白的组成成分，与蛋白质、脂肪、碳水化合物代谢有关。泛酸对脂肪的合成和分解起着十分重要的作用，保证皮肤和黏膜的正常生理功能、毛发的色泽和对疾病的抵抗力。

泛酸广泛存在于动物性饲料和植物性饲料中。乳制品、干酵母、米糠、麦麸、青绿饲料、花生饼、蔗糖蜜等均含有丰富的泛酸。天然存在的泛酸生物利用率很高。

泛酸缺乏症的主要症状为饲料转化效率较低、动物生长缓慢，皮肤和黏膜病变、表皮粗糙、皮炎等，神经系统紊乱，胃肠道消化功能障碍，生殖机能发生障碍，在应激状态时适应性降低、免疫功能下降、胚胎死亡率增高。

由于纯泛酸不稳定，所以，通常是利用泛酸的盐类作为饲料添加剂。泛酸盐多数以泛酸的钙盐和钠盐形式存在。因泛酸钙盐吸湿性低于泛酸钠盐，所以日粮中补加的泛酸绝大部分为泛酸钙。

（9）胆碱　是β-羟乙基三甲基胺的羟化物。胆碱是卵磷脂及乙酰胆碱等的重要组成成分，对细胞结构的构成和维持、脂肪的运转和代谢、神经冲动的传递等均起着重要作用；另外胆碱还担负着甲基供体的作用。

所有天然脂肪饲料中均含有胆碱，因此含脂肪的饲料可提供一定数量的胆碱。动物性蛋白质饲料、干酵母和油类饼粕均胆碱含量较丰富，但玉米和木薯淀粉胆碱含量很低。大豆粕中天然存在的胆碱，其利用率为60%～70%，而谷物中可利用胆碱的百分比更低。

毛皮动物胆碱缺乏时通常表现为生长缓慢和肝脏脂肪浸润、脂肪肝、骨和关节畸变、骨软症等。作为饲料添加剂使用的多为胆碱盐，一般多是其碱基与盐酸的反应产物——氯化胆碱。氯化胆碱饲料添加剂主要有两种形式：70%的氯化胆碱水溶液和50%的氯化胆碱粉剂。液态氯化胆碱腐蚀性较强，需特制贮存器和添加设备。氯化胆碱对其他维生素有破坏作用，尤其是在金属元素存在时，对维生素A、维生素D、维生素E和维生素K均有破坏作用，所以，不宜与维生素预混料相混合。在应用时，可直接加入浓缩料或全价配合饲料中。

（10）维生素C　又叫抗坏血酸。有D型和L型两种异构体，但只有L-型抗坏血酸对动物具有生物学活性。维生素C在毛皮动物体内参与细胞间质的生成及体内氧化还原反应，并具有解毒作用。维生素 C 具有可逆的氧化-还原特性，能够发挥抗氧化作用或间接的抗应激特性，增强动物的免疫力和抗病力；参与胶原蛋白和黏多糖等物质的合成，可促进结缔组织、骨骼、牙齿和血管细胞间质的形成并维持其正常机能；促进肉毒碱的合成，减少甘油三酯在血浆中的积累，防止坏血病。

青绿多汁饲料及水果中维生素 C 含量丰富。马铃薯、甜菜、奶粉中也含有一定量的维生素 C。毛皮动物在机体内能通过生化过程合成一定数量的维生素 C。天然存在的维生素 C 能充分被动物利用，但是，贮存时间以及日粮的生产和贮存方法都会影响维生素 C 的效价。一般情况下，动物可利用葡萄糖在脾脏和肾脏合成维生素 C，所以不会出现缺乏症。但在日粮营养不平衡等特殊情况下也会出现缺乏症，典型症状为生长缓慢、贫血、坏血病、免疫力和抗病力下降。由于维生素 C 很不稳定，因此商品维生素 C 都需要做包被处理，经包被处理后的维生素 C 对空气稳定，但在潮湿和热的环境下，仍易受到破坏。

（三）矿物质添加剂

矿物质在动物体内广泛存在，并广泛参与体细胞内的代谢过程。它不仅是构成动物体组织器官的原料，也是维持细胞与体液平衡、构成辅基和辅酶不可缺少的物质。当机体完全缺乏生命所必需的某种元素时，可使动物致死；但某种元素的过量又可引起机体内代谢的紊乱。

在动物体内约有 55 种矿物元素，其中必需的矿物元素有 15 种。对动物生命所必需的矿物元素按其在饲料中的浓度划分为常量元素和微量元素两大类。

毛皮动物日粮中矿物质的含量和利用率直接影响动物毛皮的质量和颜色，尤其是钙、镁、铜、锌和铁。

1. 常量元素

常量矿物元素主要包括钙、磷、钠、钾、氯、镁、硫等，主要通过相对应的矿物质饲料添加剂（预混料）补充饲粮中的不足。

（1）钙和磷　是动物体灰分中的主要成分，主要分布于骨骼和牙齿中，其余存在于软组织及体液中。动物体内矿物质总重量中有

65%~70%是钙和磷的化合物。骨骼和牙齿中的钙占全身所有钙的99%左右，磷占全身所有磷的80%左右。成年健康动物骨骼中约含30%的灰分，灰分中含钙36.5%、磷17.0%，钙、磷比例约为2∶1。

钙除作为骨骼和牙齿的构成成分外，对维持神经和肌肉组织的正常功能也起着重要的作用。血浆中钙离子浓度高于正常水平时，抑制神经和肌肉的兴奋性；反之，神经和肌肉的兴奋性增强。凝血酶原激活物催化凝血酶原转变为凝血酶必须在钙离子的参与下才能进行。

磷除与钙共同构成骨骼和牙齿外，主要以磷酸根形式参与许多物质的代谢过程。例如，参与氧化磷酸化过程，形成高能含磷化合物，在高能磷酸键中贮存能量，以供动物体利用；磷与核糖核酸、脱氧核糖核酸及许多辅酶的合成有关；磷脂和蛋白质结合成细胞膜的组成成分。另外，磷还参与糖代谢，并作为血液中重要缓冲物质磷酸氢钙和磷酸二氢钙的成分。

毛皮动物饲粮中钙、磷不足时可导致骨软症或骨质疏松症，导致食欲不振或废食，生长性能下降，母兽发情异常，泌乳量下降等。

通常用于补充钙、磷的矿物质饲料添加剂有：骨粉、肉骨粉、贝壳粉、蛋壳粉、磷酸氢钙和碳酸钙等。

（2）钠和氯　钠在动物体内主要分布于体液中，并多以氯化钠的形式存在于体内。血液中含钠量最高，其次为肾脏、骨骼、皮肤、肺和脑，被毛中钠的含量最少。以干物质计算，被毛中的含钠量为血液中含钠量的1/9。血液中钠集中于血清中，浓度十分稳定。氯在细胞内外均有分布，但主要分布于体细胞外液中，约占体内总氯量的85%，含量不稳定。

钠在保持体内的酸碱平衡、维持体液正常的渗透压和调节体液容量方面起重要作用，同时对心肌的活动亦有调节作用。钠离子和其他离子一起参与维持神经和肌肉的正常兴奋性。此外，在钠与钾的相互作用中，参与神经组织冲动的传递过程。氯和钠协同维持细胞外液的渗透压。参与胃酸的形成，保证胃蛋白酶作用所必需的pH。氯在唾液腺中与α-淀粉酶形成活性的复合物，有利于α-淀粉酶的作用。

幼龄毛皮动物饲粮中食盐不足，表现为生长停滞、饲料利用率降低、死亡率提高。成年毛皮动物饲粮中长期缺少食盐，可导致食欲降低、精神不振、营养不良、被毛脱落和生产性能下降等。钠和氯严重过量时会造成动物饮水量增加、腹泻、中毒。

食盐中含钠量约为 36.7%，是动物补充钠的主要来源。通过补饲食盐，能同时为动物补充钠和氯两种元素。鱼粉和肉粉等动物性饲料含钠、氯较丰富，是这两种元素的良好来源。其他大多数饲料含钠、氯量都较少。

（3）镁　在动物体内分布很广，约有 70% 的镁存于骨骼中，其余的镁分布于软组织细胞内。镁是构成骨骼和牙齿的成分之一，为骨骼正常发育所必需；在机体中起着活化各种酶的作用，镁作为焦磷酸酶、胆碱酯酶和 ATP 酶等的活化剂，在糖与蛋白质代谢过程中起着重要的作用；镁有维持神经与肌肉正常机能的作用，低镁时可使神经肌肉的兴奋性提高，高镁时抑制；镁还参与促使 ATP 高能键断裂，释放出的热能为机体所利用。

大多数饲料均含有适量的镁，能满足毛皮动物对镁的需要，所以一般情况下动物不会发生缺镁。毛皮动物日粮中钙、磷含量过高会降低镁的吸收，引起镁的缺乏。青饲料以幼嫩时含镁最丰富；含钙量高的饲料含镁量也高。棉籽饼和亚麻籽饼含镁特别丰富。块根与块茎饲料中的镁含量与禾谷类饲料接近，但茎叶中镁的含量较高。缺镁时，可在饲粮中补充硫酸镁、碳酸镁和氧化镁等。

（4）钾　在动物体内各细胞和软组织中都含有钾，特别是肌肉、红细胞、白细胞、肝脏及脑中钾的含量均较多；在皮肤、骨骼、血液与淋巴液中钾的含量较少。体内的含钾量与年龄和性别有关。幼兽高于成年兽，公兽高于母兽。

钾在维持体液的酸碱平衡和维持细胞内正常的渗透压方面起重要作用；钾还参与糖和蛋白质的代谢过程；另外，钾还有维持神经和肌肉组织正常兴奋性的作用。适度提高钾离子的浓度时，神经和肌肉的兴奋性增强；降低钾离子浓度，兴奋性就受到抑制。

饲料中钾元素长期缺乏时，动物会出现心电图异常、食欲下降、生长停滞、肌肉衰弱、异嗜等。过量食入钾将影响镁的吸收和代谢。

动物常用饲料中的含钾量占摄取干物质质量的 5% 左右，远远超过动物的生理需要。一般饲料均能满足动物对钾的需要，所以不必额外添加。特殊情况下，造成钾缺乏时，可以补充氯化钾、硫酸钾等含钾饲料添加剂。

（5）硫　动物体内的硫主要分布于含硫氨基酸（蛋氨酸、胱氨酸和半胱氨酸等）中；硫胺素、生物素和胰岛素中亦含有硫；体内的含硫物质还有黏多糖、硫酸软骨素、硫酸黏液素和谷胱甘肽等。所有体蛋白质中均有含硫氨基酸，因而硫分布于机体的各个细胞。

硫的作用主要是通过含硫有机物质来进行的，如含硫氨基酸合成体蛋白质、被毛和许多激素；硫胺素参与碳水化合物的代谢过程，并增进胃肠道的蠕动和胃液的分泌，有助于营养物质的消化与利用；硫作为黏多糖的成分参与胶原组织的代谢。

一般情况下，毛皮动物不会发生硫缺乏症。但如果长期饲喂含蛋白质很低的饲粮或日粮结构不合理时，就容易出现硫的缺乏症状。硫供应不足可使黏多糖的合成受阻，导致上皮组织干燥和过度角质化。硫严重缺乏时，动物食欲减退或丧失、掉毛、毛皮品质下降。

各种蛋白质饲料是毛皮动物硫的重要来源，菜籽饼（粕）中含硫量丰富，禾谷类籽实及块根块茎饲料含硫量均较少。通常用作饲料添加剂的无机硫有硫代硫酸钠、亚硫酸钠和硫酸钠。

2. 微量元素

微量矿物元素饲料添加剂主要包括铁、铜、锰、锌、硒、碘、钴等。一般都以这些元素的无机盐或有机盐类以及氧化物、氯化物形式添加。在配合饲料中最常用的是氧化物和硫酸盐。氧化物吸收率较低，只有镁、锰、锌的氧化物具有较好的利用率。硫酸盐吸收率一般较高。

（1）铁　动物体内的铁 $60\% \sim 70\%$ 存在于血液的血红素中，约有 20% 的铁与蛋白质结合形成铁蛋白，贮存于肝脏、脾脏、骨髓及其他组织中。铁蛋白亦是含铁血黄素的组成成分。铁还是多种细胞色素酶和氧化酶的组成成分。

铁是形成血红素及肌红蛋白必不可少的组成成分；铁作为氧的载体保证体组织内氧的正常运输；作为多种细胞色素酶及氧化酶的组成成分，在细胞内生物氧化过程中起重要作用；此外，铁对棉籽饼中所含的棉酚具有一定的脱毒作用。

动物体血液中的红细胞处于不断更新代谢过程中，由血红素中释放出来的铁机体可以重新利用于合成血红素，因此，成年健康动物很少缺铁。在寄生虫病、长期腹泻以及饲料中锌过量等异常状态时会出现缺铁症状。

大部分饲料中的含铁量都超过动物的需要量。动物性饲料中，以血粉和鱼粉的含铁量最为丰富。幼嫩青绿饲料含铁也很丰富，尤其是叶部更丰富。豆科青饲料中铁的含量比禾本科约高 50%。奶和块根类饲料含铁量较少。如果饲粮中铁不足时，可用硫酸亚铁、富马酸亚铁、甘氨酸亚铁、乳酸亚铁、柠檬酸铁络合物等来补充。

（2）铜　动物体内以肝脏、脑、肾脏、心脏和被毛等的含铜量最高；其次，胰脏、脾脏、肌肉、皮肤和骨骼也含有较多的铜。幼兽体组织中的含铜量高于成年兽。初生时肝脏中贮备有大量的铜。机体内一切细胞中都含有铜，但以肝脏内铜的含量最高，是体内铜的主要贮存库。

铜有催化血红素和红细胞形成的作用，缺铜时将影响铁从网状内皮系统和肝细胞中释放出来进入血液，不利于铁的利用；铜是多种酶的成分和激活剂，它是细胞色素氧化酶、酪氨酸酶、过氧化物歧化酶和抗坏血酸氧化酶的组成成分；铜促进血清中的钙、磷在软骨基质上的沉积，使骨骼正常发育；铜还参与维持神经及血管的正常功能。

缺铜时，肝脏和血红素中铜的含量降低，导致动物患贫血症；使参与色素形成的含铜酪氨酸酶活性降低，引起动物有色被毛褪色；被毛因角蛋白的合成受阻而生长缓慢，毛质变脆；缺铜还可使动物中枢神经（脑和脊椎）系统受到损害，损害动脉血管的弹性，引起心肌纤维变性，并出现突然死亡的现象。

大多数饲料中均含有一定量的铜。植物性蛋白质饲料中以大豆饼粕中的含铜量较高。豆科牧草中的铜含量高于禾本科牧草。禾谷类籽实（除玉米外）及其副产品含有丰富的铜。当动物缺铜时，可直接补饲硫酸铜、蛋氨酸铜、碳酸铜、氧化铜、氯化铜等。

（3）锰　分布于所有的体组织中，以肝脏、骨骼、脾脏、胰脏和脑下垂体中的含量最高。肝脏中锰的含量比较稳定，而骨骼和被毛中的含锰量则受摄入饲料中锰量的影响。当动物食入大量的锰时，被毛中的含锰量可超过肝脏的含量。血液及肌肉中的含锰量较低。

锰参与骨骼基质中硫酸软骨素的形成，也是骨骼有机基质黏多糖的组成成分；锰作为某些酶的组成成分，参与碳水化合物、蛋白质和脂肪的代谢过程；锰与胆固醇的合成有关，从而影响毛皮动物的繁殖。

饲粮中长期含锰不足时，可使骨骼发育受损、骨质松脆。幼兽缺锰后因软骨组织增生而引起关节肿大，生长缓慢，性成熟推迟。母兽严重缺锰时，发情不明显，妊娠初期易流产，死胎和弱仔率增加，初生重小，产奶少。过量的锰可降低食欲，影响钙、磷利用。严重过量时可导致动物体内铁贮存量减少，产生缺铁性贫血。

动物主要从植物性饲料中获得锰。在这些饲料中青粗饲料含锰丰富，禾谷类籽实及块根块茎饲料中含锰量较少，玉米含锰量更低。糠麸类饲料中含锰丰富，动物性饲料中含锰极微。毛皮动物饲粮中缺锰时，可补饲一定量的硫酸锰、碳酸锰、氧化锰等。

（4）锌 机体所有组织和细胞中都含有锌，其中以肌肉、肝脏等组织器官中含锌量较高。血液中75%的锌存在于红细胞中，白细胞中约3%，血浆中约22%。成年公兽前列腺的背侧部含锌量特别丰富，精液中也含有较多的锌。眼的脉络膜含锌量也特别丰富。

锌在动物体内是多种酶的组成成分，如碳酸酐酶、碱性磷酸酶、多种脱氢酶和核糖核酸酶等。锌还是胰岛素的组成成分，参与碳水化合物、脂类和蛋白质的代谢。锌与毛发的生长、皮肤的健康和创伤的愈合有关。锌对维持动物正常代谢和繁殖具有重要作用。

毛皮动物缺锌时，最明显的症状是食欲降低、生长受阻。表皮细胞增厚与不全角化症。高钙日粮或日粮中具有抑制甲状腺活性的物质，则能加剧锌缺乏引起的不全角化症。锌的不足或缺乏对动物的繁殖机能同样产生严重影响。日粮中含锌过量可使动物产生厌食现象，不利于铁、铜的吸收，导致动物贫血和生长迟缓。

动物性饲料、饲用酵母、糠麸、油饼（粕）、禾谷类的胚是锌的主要来源。植物性饲料中普遍都含有锌，其中以幼嫩青饲料的含锌量较高。在各种饲料中以块根、块茎类饲料含锌量最低。动物缺锌时，可补饲硫酸锌、碳酸锌、氧化锌、蛋氨酸锌等。

值得注意的是，锌与钙、铁、铜等元素存在拮抗作用，如果饲粮中含有较高的钙、铜，就增加了动物对锌的需要量，在配制饲料时应注意相应地提高饲粮锌的水平。

(5) 硒　存在于动物体所有的体细胞内，肝脏、肾脏和肌肉中含硒量较高，但其含量受进食硒量的影响很大。

硒是谷胱甘肽过氧化物酶的主要成分，能防止过氧化物氧化细胞内膜、线粒体上的类脂物，因此硒在保护细胞膜的完整性方面起着重要作用；硒具有保护胰腺组织正常功能的作用；硒有助于维生素 E 的吸收和贮存，因此硒与维生素 E 具有相似的抗氧化作用。

动物饲料中缺硒可产生白肌病，患病动物步伐僵硬、行走和站立困难、弓背和全身出现麻痹症状等；因肌肉球蛋白的合成受阻而使骨骼肌和心肌退化萎缩；幼兽缺硒时，表现为食欲降低、消瘦、生长停滞；缺硒还影响母兽的繁殖机能，空怀或胚胎死亡。

我国黑龙江、吉林、内蒙古、青海、陕西、四川和西藏 7 省（区）为缺硒区，其中以黑龙江最严重，四川次之。产自上述地区的饲料原料含硒量很低。预防动物硒缺乏症，可在饲粮中添加亚硒酸钠饲料添加剂。

动物对于硒的需要量和中毒量相差较小，在配合饲料中添加时应特别小心，不要超量添加，也不能以化合物的形式直接添加，常以含硒预混料的形式添加。

(6) 碘　动物体内含碘量很少，但分布很广。体内总含碘量的 70%～80% 都存在于甲状腺内。甲状腺中的碘是以无机碘化物、甲状腺素、二碘酪氨酸和甲状腺球蛋白形式存在的。碘还存在于胃、小肠、唾液腺、皮肤、乳腺、卵巢和胎盘中。血液中的碘是以无机和有机碘化物存在的。血液和乳中的含碘量很不稳定，当动物摄入大量的碘后，可使血液中碘的含量提高约 100 倍，乳中提高 10 倍左右。

碘是甲状腺素和甲状腺活性化合物的组成成分，它对动物基础代谢率的调节具有重要作用。碘几乎参与体内所有物质代谢过程。

动物缺碘最典型的症状是甲状腺增生肿大，基础代谢率降低。幼兽缺碘表现为甲状腺肿大、生长迟缓和骨架短小而形成侏儒症；成年动物则表现为皮肤干燥、被毛变脆和性腺发育不良，并产生黏液性水肿。成年母兽缺碘，发情规律紊乱影响配种，胚胎早期死亡、胚胎被吸收、流产和分娩无毛弱仔；成年公兽缺碘，精液品质下降影响繁殖。

植物性饲料是动物碘的主要来源。一般沿海地区植物的含碘量高于内陆地区。就植物本身而言，根部的含碘量高于茎秆，而茎秆中的含碘量为叶中的 15%～20%。海洋植物因能经过细胞膜直接吸收碘，故含碘量极其丰富。海带和海藻等是动物碘的良好来源。饲料在贮藏过程中碘的损失量较大。动物采食大量的十字花科植物、豌豆和某些种类的三叶草，因其中含有较多的能抑制碘吸收的氰酸盐，同样也可引起动物缺碘。动物缺碘时，碘化钾和碘酸钙是碘的良好来源，也可补饲碘化食盐。

（7）钴　在动物体内分布很广，分布于所有的组织器官中，其中以肾脏、肝脏、脾脏及胰腺中含量最高。动物从饲料中摄入的钴主要贮存于肝脏中。肝脏中的钴多存在于维生素 B_{12} 中。血液中含钴量较少。

钴的主要作用是作为维生素 B_{12} 的组成成分。维生素 B_{12} 的分子量中，大约含有 4.5% 的钴。此外，钴可活化磷酸葡萄糖变位酶和精氨酸酶等，这些酶类与蛋白质及碳水化合物的代谢有关，对血细胞的发育和成熟也有促进作用。

动物钴缺乏主要表现为贫血、食欲不良、精神萎靡、幼兽生长停滞、成年动物消瘦等。动物食入的钴量过高时，会出现食欲减退和贫血。

大多数饲料均含有少量的钴。动物性饲料含钴丰富，每千克干物质中含钴可达 0.8～1.6mg。一般豆科牧草含钴量高于禾本科。补充钴的饲料添加剂主要有硫酸钴、氯化钴和碳酸钴等。各种无机的钴源和氧化钴都能被动物很好地吸收利用。

二、非营养性添加剂

非营养性饲料添加剂的种类很多，毛皮动物常用的主要包括饲用酶制剂、微生态制剂等。这类添加剂本身在饲料中不起营养作用，主要是用来刺激动物生长，提高饲料利用效率以及改善动物健康状况。

（一）饲用酶制剂

酶是一类由生物细胞原生质合成的具有高度生物催化反应能力的蛋白质，在生物体的新陈代谢中起着重要作用。酶的基本功能是其催化活性，可加速多种生物化学反应，饲料中的营养物质、抗营养因子的分解反应就是靠酶来催化的。酶作为生物催化剂除具有一般催化剂的特点外，还具有两个突出的特点：一是高效性，酶的催化效率极高，条件要求简单，常温、常压、温和的酸碱度条件下即可反应，在可比条件下，是化学型催化剂的 $10^7 \sim 10^{13}$ 倍；二是专一性，酶对底物有严格的专一性，一种酶通常只能催化分解或转化一种或一类底物进行特定的反应，有的底物有立体异构体时，酶只选择性地催化某种异构体。例如，L-谷氨酸脱氢酶只对 L-谷氨酸起作用，而不对 D-谷氨酸起作用。

饲用酶制剂是一种以酶为主要功能因子的饲料添加剂，是动物科学发展到一定时期出现的一种新型饲料添加剂。从饲用酶的制剂类型上可将其分为单一酶制剂（只含有一种酶，如植酸酶）和复合酶制剂（含有多种功效酶）两大类。

1. 植酸酶

植酸酶（Phytase）是一类能分解植酸（肌醇六磷酸）释放无机磷的生物酶。目前，植酸酶的研究已成为世界性的研究热点之一。它可以降解饲料中的植酸盐，生成无机磷和肌醇以及与植酸结合的蛋白质、氨基酸、微量元素等，从而减少单胃动物饲料中无机磷的添加量，降低动物粪便中植酸磷的排放。既可提高饲料中磷的利用率、节约无机磷饲料资源，又减少由于动物粪便排泄物中高磷所造成的环境污染。

植酸被认为是抗营养因子，如何除去饲料中的植酸，是解决饲料中磷和其他营养物质利用率的一个关键问题。植酸酶能将饲料中的植酸分解成为肌醇和磷酸。不同来源的植酸酶其作用机理有所不同。微生物产生的 3-植酸酶作用于植酸时，首先从植酸的第 3 碳位点开始水解酯键而释放出无机磷，然后再依次释放出其他碳位点的磷，最终酯解整个植酸分子，此酶需要二价镁离子（Mg^{2+}）参与催化过程。来源于植物的 6-植酸酶，它首先在植酸的第 6 碳位点开始催化而释放出无机磷。在理论上，1g 植酸完全分解可释放出 281.6mg 无机磷。植酸酶只能将植酸分解为肌醇磷酸酯，不能彻底分解成肌醇和磷酸，要彻底分解肌醇磷酸酯，需酸性磷酸酶的帮助。酸性磷酸酶可以将单磷酸酯、二磷酸酯彻底分解成肌醇和磷酸，供动物吸收利用，从而提高磷的利用率和骨骼矿化程度，减少饲料中磷源的添加和粪便中磷的排出，减少环境污染。同时释放出被植酸螯合的大量钙、镁、锌和锰等矿物元素，使这些营养成分能够被动物有效吸收利用。

2. 复合酶制剂

复合酶制剂是由一种或几种单一酶制剂为主体，加上其他单一酶制剂混合而成，或者由一种或几种微生物发酵获得。酶的降解作用具有高度的选择性和专一性，不同的酶降解底物不同，复合酶制剂可以同时降解饲粮中多种需要降解的底物（多种抗营养因子和多种养分），可最大限度地提高饲料的营养价值。

饲用复合酶制剂包括消化酶和非消化酶两类。消化酶又叫内源酶，这类酶动物自身能够合成并分泌到消化道中，但在某些情况下分泌量不足、活性不高，需要外源添加和强化。由微生物发酵产生的这类酶其组成和结构可能与动物消化道分泌的不同，但功能相同，如淀粉酶、蛋白酶、脂肪酶。非消化酶是指动物消化道自身不能合成与分泌，但饲料中又有其相应底物存在，而必须添加的酶，如纤维素酶、β-葡聚糖酶、木聚糖酶等。

（二）微生态制剂

微生态制剂又叫益菌素，是在微生态学理论指导下，调节微生态失调，保持微生态平衡，提高宿主健康水平的微生物及其代谢产物和选择性促进宿主正常菌群生长的物质制剂总称，包括益生菌与促进益生菌生长的益生元。高效配伍特定的益生菌和益生元，通过饮水或者饲料进入动物肠道，有针对性地促进外源性益生菌在动物肠道中定植和生长，并选择性刺激肠道内源有益菌群的增殖，以改善动物肠道微生态群系平衡，提高肠道对病原微生物的防御能力。肠道健康，动物自然健康。它是一种天然的生物活性制剂，无毒副作用、无耐药性、无药物残留，具有保健、促生长、提高饲料利用率等功效，并有望代替抗生素。

1. 微生态制剂在毛皮动物上的作用

（1）减少和杜绝毛皮动物肠道疾病　由于微生态制剂充分利用了高活性复合有益菌的占位、繁殖、生长、产酶、产酸、争氧的生物特征，可有效抑制肠道有害菌的繁殖，达到肠道有益菌的平衡，使腹泻现象显著减少，结合毛皮动物被动给药，同时也降低了毒素在肠道中的富集。

（2）提高饲料的消化率和吸收率　毛皮动物饲粮添加微生态制剂可以提高饲料的消化率和吸收率，从而降低了饲喂成本、提高了养殖效益。通过活菌的萌发和生长过程中的生物代谢和产酶，毛皮动物粪便中减少了未消化的饲料，畜舍和周边环境氨臭味明显降低，保护了环境。

（3）提高发情、受孕和幼崽的成活率　由于肠道疾病发病率降低，增强了消化吸收，毛皮动物机体健壮，免疫力增强，从而提高了毛皮动物种兽的发情率、胎产仔率及幼崽的成活率。

2. 微生态制剂的分类

微生态制剂的分类方法较多，其中根据微生态制剂的物质组成进行分类，可分为益生菌、益生元和合生元3种。

（1）益生菌　又称益生素，是指能改善宿主微生态平衡，达到提高宿主健康水平和健康状态的活菌制剂及其代谢产物。益生菌是通过定植在动物体内，改变宿主某一部位菌群组成的一类对宿主有益的活性微生物。通过调节宿主黏膜与系统免疫功能或通过调节肠道内菌群平衡，促进营养吸收，保持肠道健康的作用，从而产生有利于宿主健康作用的单微生物或组成明确的混合微生物。研制益生菌的基本指导思想是，用健康动物的正常菌群，尤其是优势菌群，经过选种和人工培养制成活菌制剂，然后用于动物发挥其固有的生理作用。益生菌的种类很多，对于毛皮动物常用的益生菌有：乳酸杆菌、益生芽孢菌、肠球菌、酵母菌、丁酸梭菌、双歧杆菌、放线菌等。

仔貂断奶后，受心理、营养、环境及其他应激的影响，再加上仔貂本身消化道发育与主动免疫功能不完善，断奶仔貂腹泻发病率较高，严重影响仔貂的成活率。在饲料中添加一定的益生菌可以有效预防断奶仔貂腹泻病的发生。

水貂饲料中添加植物乳杆菌能有效提高日增重，降低尿氮含量，提高净蛋白质利用率，降低血清胆固醇含量；添加酵母菌在提高脂肪消化率和降低胆固醇方面同样具有一定的作用。

（2）益生元　是指一种非消化性食物成分，能选择性促进肠道内有益菌群的活性或生长繁殖，通过有益菌的繁殖增多，抑制有害菌的生长，起到促进宿主健康和促生长的作用。效果好的益生元应是在通过上消化道时，大部分不被消化而能被肠道菌群所发酵。最重要的是，它只是刺激有益菌群的生长，而不是有潜在致病性或腐败活性的有害细菌。益生元包括双歧因子、有机酸及其盐类和一些中草药。其中双歧因子是发现最早的益生元物质，包括多种寡聚糖或称低聚糖，最常见的寡聚糖有乳果糖、蔗糖寡聚糖、棉籽寡聚糖等。这些寡聚糖不能被动物消化吸收，只能被双歧杆菌、乳杆菌等肠道有益菌利用，促进有益菌生长，达到调整肠道正常菌群的目的。

水貂饲料中添加 900mg/kg 果胶寡糖螯合锌可提高育成期及冬毛期水貂生长性能，改善冬毛期水貂毛皮品质。饲粮中添加果胶寡糖螯合锌可调节蛋白质代谢和脂肪代谢基因表达量。

（3）合生元　为益生菌和益生元结合的生物制剂，它的特点是同时发挥益生菌和益生元的作用。这种制剂被摄入动物体后益生菌在益生元的作用下繁殖增多，抗病作用加强。合生元结构合理，效果更加优越，有日渐增多的趋势。

3. 微生态制剂的作用机理

（1）益生菌的作用机理　拮抗动物病原细菌并维持和调整肠道微生态平衡。肠道不仅是机体正常的组成部分，参与机体重要的生理活动，同时，肠道中还存在复杂的肠道菌群，它们对宿主的生长、发育和健康等方面发挥着重要的功能。益生菌可降低肠道黏膜渗透性，从而保护肠道黏膜屏障完整性。在正常情况下，动物肠道微生物种群及其数量处于一个动态的微生态平衡状态，当机体受到某些应激因素的影响，这种平衡可能被破坏，导致体内菌群比例失调，需氧菌如大肠杆菌增加，并使蛋白质分解产生胺、氨等有害物质，动物表现下痢等病理状态，生产性能下降。研究表明，饲喂芽孢杆菌能产生蛋白多肽类抗菌物质，拮抗肠道病原细菌；此外还能使动物空肠内容物乳酸、丙酸、乙酸等含量上升，pH 值下降，抑制有害菌的生长繁殖。乳酸菌可以产生多种抗有害菌物质，如有机酸、过氧化氢、酶类、细菌素等拮抗病原菌。产生的有机酸包括乳酸、乙酸、丙酸和丁酸等，可使肠道环境 pH 值下降，对病原性细菌有抑制作用，产生过氧化氢从而抑制病原菌的生长繁殖，使有益微生物在细菌中间的相互竞争中占优势。双歧杆菌和乳酸杆菌还产生胞外糖苷酶，可降解肠黏膜上皮细胞的特异性糖类，阻止致病菌和毒素对上皮细胞的黏附和侵入。

产生多种酶类并提高动物消化酶活性。益生菌可合成消化酶，它们与动物体合成的消化酶一起，参与肠道中营养物质的消化，刺激动物体分泌消化酶，降低小肠隐窝深度，增加绒毛高度，增加小肠表面积，促进肠道营养物质的吸收。研究表明，一些益生菌能产生多种酶类，参与动物消化道的"酶池"，促进动物对营养物质的消化和吸收。枯草芽孢杆菌和地衣芽孢杆菌具有较强的蛋白酶、淀粉酶和脂肪酶活性，同时还具有降解植物饲料中非淀粉多糖的酶，如果胶酶、葡聚糖酶、纤维素酶等。酵母菌和霉菌均能产生多种酶类，如蛋白酶、淀粉酶、脂肪酶、纤维素酶等，可提高蛋白质和能量利用率。

益生菌的营养作用能够促进动物生长。益生菌在动物肠道内生长繁殖，能产生多种营养物质，如维生素、氨基酸、促生长因子等，参与机体的新陈代谢。凝结芽孢杆菌、芽孢乳杆菌等菌株能产生乳酸，可提高动物对钙、磷、铁的利用率和维生素 D 的吸收。乳糖分解产生的半乳糖，是构成脑神经系统中脑苷脂的成分，与动物出生后脑的迅速发育有密切关系。酵母细胞和霉菌细胞中含有丰富的维生素和各种营养成分，粗蛋白含量平均为 40%～60%，可在消化道中合成菌体蛋白及维生素，尤其是 B 族维生素，供机体利用。

促进动物器官生理机能成熟并改善动物生理状态。有研究表明，饲粮中添加适量的芽孢杆菌能显著改善动物肠道结构，增大小肠的吸收面积，同时发现可促进动物内脏器官的生理机能，进而增强动物的消化吸收功能，促进动物生长。乳酸菌可产生乳酸、细菌素等抗菌物质，抑制肠道中腐败细菌的繁殖，减少肠道中内毒素、尿素酶的含量，并能抑制腐败菌产生胺、吲哚、氨、硫化氢等致癌物和其他毒性物质，使血液中内毒素和氨含量下降。酵母和霉菌还能抑制黄曲霉毒素，吸附有毒物质和病原菌，从而抑制胃肠道疾病的发生。

增强机体的免疫功能。益生菌的自身结构如肽聚糖、脂磷壁酸等成分可作为抗原直接发挥免疫激活作用，或者通过自分泌免疫激活剂，刺激宿主免疫系统，从而提高动物的免疫力，增强机体固有免疫细胞和自然杀伤细胞的活性，激活树突状细胞，刺激机体产生细胞因子，并刺激 B 细胞分泌抗体，益生菌可刺激肠道产生分泌性球蛋白，保护机体健康。大量研究证明，乳酸菌可诱导机体产生干扰素、白细胞介素等细胞因子，通过淋巴循环活化全身的免疫防御系统，抑制癌细胞增殖。酵母菌细胞壁含有酵母多糖，其主要活性成分为甘露聚糖、明角质，研究证明这些酵母细胞壁成分可提高动物的免疫力。动物口服益生菌后，调整肠道菌群，提高免疫识别力，并诱导 T、B 淋巴细胞和巨噬细胞等产生细胞因子，通过淋巴细胞再循环而活化全身免疫系统，从而增强机体的免疫功能。

（2）益生元的作用机理　益生元竞争性地与病原菌结合并抑制病原菌生长繁殖。研究表明，病原菌细胞表面具有能够识别动物肠壁的"特异性糖类"受体结构物质，它与肠壁受体结合，定位繁殖，从而导致肠道疾病的发生。益生元如甘露低聚糖等与病原菌在肠壁的受体非常相似，与病原菌有很强的结合力，从而使病原菌不能与肠壁受体结合。益生元不被消化道消化分解，因此可携带病原菌通过肠道排出体外，防止病原菌在肠道繁殖。

益生元是动物肠道内有益菌群的增殖因子，并促进有益菌的生长繁殖。一些益生元是有益菌细胞壁的重要成分，有益于益生菌生长繁殖。某些有益菌能产生分解益生元的酶，可分解利用益生元，促进生长。例如，肠道中的双歧杆菌通过分泌 β-半乳糖苷酶将半乳寡糖水解，从而对其加以利用，促进自身生长。

刺激动物机体的免疫系统并增强免疫功能。研究表明，甘露低聚糖、果聚糖等可以充当免疫刺激因子，激活机体的免疫系统，增强机体对抗原的免疫应答能力，促进动物体液免疫和细胞免疫能力，进而提高机体的抗病及生长能力。

第四章 珍贵毛皮动物营养需要量与饲养管理要点

第一节 水貂营养需要量与饲养管理要点

水貂具有季节性繁殖与季节性换毛的生理特点，每年春季繁殖1次，生长发育具有明显的阶段性，生理学时期划分相对明确。不同生理学时期水貂的营养需要量与饲养管理技术要点也存在明显的差异。由于气候、环境、温度对水貂的生产过程具有明显的影响，通常将种貂的生物学时期大致分为：配种期、妊娠期、哺乳期、育成前期、育成后期、准备配种期6个时期；商品貂分为：育成期和冬毛期两个时期。科学的饲养标准是合理饲养的依据。我国水貂养殖已60多年，对水貂的营养需要量逐步进行了系统而深入的研究。本节主要介绍国内外有代表性的饲养标准以及各生物学时期的饲养管理要点。养殖企业在应用时，应根据当地的饲料种类、水貂营养状况灵活掌握，切忌死搬硬套。对于水貂的饲养标准，国外多采用代谢能的计算方法，国内多采用重量为基础的日粮标准。

一、配种期营养需要量与饲养管理要点

水貂配种期是生产环节中的关键时期，直接影响貂场的产仔数量和经济效益。该时期首先要保证种公貂和母貂对于各种营养物质的需要量，维持种公貂的体况，提高其精液品质和配种能力，继续保持和控制种母貂的体况。

（一）配种期营养需要量

1. 母貂营养需要量

母貂在配种期的营养需要相对于准备配种后期并无明显差别，但

在配种期对母貂不再进行限饲。将代谢能计算法和重量计算法两者结合，规定日粮中所需的营养物质。在我国辽宁、吉林和黑龙江地区，养殖场习惯于在准备配种后期进行强饲催情的饲喂方法，母貂的发情提前且相对集中。饲粮中蛋氨酸、精氨酸含量充足，能够改善母貂的发情受孕情况，因此我们给出饲粮中蛋氨酸和精氨酸的推荐量（表4-1）。

表4-1 配种期母貂的饲粮营养水平及日营养需要量

	代谢能（MJ/kg）	粗蛋白质	脂肪	蛋氨酸	精氨酸	钙	磷
日粮含量（%）	13.5~14.5	34~36	14~16	0.7~0.9	1.8~2.1	2.0~2.4	1.1~1.4
日需要量（g/d）	945~1 016kJ	24~27	9.8~11.2	0.5~0.6	1.2~1.5	1.4~1.7	0.8~1.0

2. 公貂营养需要量

公貂在配种期食欲减退，一般难以达到规定的营养物质摄入量，对公貂额外补充易消化、适口性好的动物性饲料十分必要（表4-2）。

表4-2 公貂每日补饲种类及推荐量

动物性饲料	补饲数量（g）	维生素	补饲数量
鱼类	20~25	维生素A	500IU
鸡骨架	15~20	维生素E	2.5mg
鸡蛋	15~20	维生素B_1	1.0mg
肝脏	8~10		
乳品	20~30		
合计	65~95		

（二）配种期饲养管理要点

1. 母貂饲养管理要点

根据母貂配种时间间隔不同，分为周期复配和连续复配两种配种方式。母貂在配种期要及时做好外阴观察，按照母貂实际发情情况，做好详细的配种计划，保证群体的系谱清晰。母貂在整个发情期内，一般有4个小周期，要保证母貂至少交配两次，提高母貂的受孕率和产仔率。母貂在发情早期，可采用周期复配的方式（"1+7+1"或"1+8+1"），尽量使母貂在两个小周期内都能受孕。而在水貂发情期快结束时，刚开始发情的母貂要采取连续复配的方式（"1+1+1"），尽量使水貂的配种时间集中。如果采用周期复配，第二次配种时，公貂的精液品质可能降低而不能使母貂正常受孕。配种晚的水貂由于产仔时间在5月中旬，天气炎热情况下，会造成仔貂死亡甚至绝窝。

配种期间如果气温起伏比较大，降温时要保证有充足的垫草，并做好防寒保温。防止水貂发生感冒等疾病而影响配种。

母貂具有周期性发情的特点，只有在发情期交配，才能排卵受孕。如果在发情前期，急切追求交配进度，采取强制交配措施放对，则很容易造成咬伤、失配甚至死亡，即使交配也很难受孕。

母貂具有刺激性排卵的特点，除交配刺激外，频频放对、公貂追逐爬跨等因素，亦可诱导其发生排卵，故不可持侥幸态度频频试放。否则就会干扰排卵，影响受孕产仔，同时也容易造成咬伤和失配。

2. 公貂饲养管理要点

公貂的精液品质直接决定了母貂群体的受孕率，因此要对公貂的精液品质进行鉴定。母貂配种结束后，需要取一些阴道分泌物，检查精子活力，对于没有精子或弱精较多的，复配时要更换公貂。初配的公貂要耐心训练，提高群体的开张率，公貂的开张率直接影响母貂配种进度和配种质量。初配阶段每只公貂每天只配1次，连续配3~4次后要休息1d；复配阶段1d交配2次，2次间隔4~5h，连续交配4次的，需要休息1d。而对于留种公貂的数量少或公貂性欲旺盛，精液品质好的，可以增加公貂的使用次数，每只公貂在整个配种期内配种次数一般不超过15次。

在配种期要满足水貂对饮水的需要，配种期公貂体能消耗很大，配种结束后容易造成口渴，要给予充足的饮水或碎冰块等。为了保证精液的品质及配种的持久力，搭配营养全面、适口性好且易消化的饲粮来饲喂公貂，并注意补饲。公貂在配种期食欲减退，应尽量多提供新鲜的动物性饲料。

二、妊娠期营养需要量与饲养管理要点

水貂的妊娠期一般为 42d，根据胎儿发育的情况，将妊娠期划分为妊娠前期（前 12d）、妊娠中期（13~32d）、妊娠后期（33~42d）。妊娠期的水貂饲料必须保持品质新鲜，绝对不能饲喂腐烂变质、酸败发霉的饲料。否则，必然会造成拒食、下痢、流产、死胎、烂胎，大批空怀和大量死亡的严重后果。妊娠期绝对不能使用激素含量过高的动物性饲料，如难产死掉的家畜，带甲状腺的气管和雌激素化学去势或育肥的畜禽肉及下杂等做水貂饲料，因其中含有催产素和其他性激素，能干扰水貂正常繁殖而导致大批流产。

（一）妊娠期营养需要量

水貂在妊娠期不仅要维持自身正常的新陈代谢，维持体温，还要维持胚胎的形成和生长发育，母貂的营养物质需要量在妊娠前期、妊娠中期、妊娠后期要不断增加。由于动物性饲料品种不同，其蛋白质的质量也相差较大，因此，水貂对蛋白质的需要量就会有一定的差异。在计算饲粮蛋白质的供给量时，仅以可消化蛋白质的数量来表示需要量是不够的，还必须查明日粮蛋白质中各种必需氨基酸的含量（表 4-3）。

表 4-3 母貂妊娠期饲粮营养水平及日需要量

	妊娠前期	妊娠中期	妊娠后期
饲粮营养水平（%）			
代谢能（MJ/kg）	13.5~14.5	14.0~15.0	14.0~15.0
粗蛋白质	34~36	36~38	38~42
粗脂肪	12~14	14~16	14~16
蛋氨酸	0.7~0.9	0.8~0.95	0.8~0.95
精氨酸	1.8~2.1	1.9~2.2	1.9~2.2
日营养需要量（g）			
代谢能（kJ/d）	945~1 016	980~1 050	1 050~1 150

（续表）

	妊娠前期	妊娠中期	妊娠后期
粗蛋白质	24~27	27~30	28.5~32
粗脂肪	9.8~11.2	10.5~12	10.5~12
蛋氨酸	0.5~0.6	0.6~0.7	0.6~0.7
精氨酸	1.2~1.5	1.4~1.65	1.4~1.65

（二）妊娠期饲养管理要点

1. 妊娠前期饲养管理要点

妊娠前期气候日趋温暖，母貂营养好而活动少，易于出现过肥而造成胚胎吸收、难产、产后缺奶、仔貂死亡率高等不良后果。故在妊娠前期，必须给予少而精的饲料，同时要经常逗引母貂自然运动，以控制体况稳定在中等略偏下的水平，防止过肥。

2. 妊娠中期饲养管理要点

母貂进入妊娠中期，受精卵已经着床并开始发育，此时期一定要保证饲料种类的多样化、科学合理搭配，营养全面、均衡，保证一定数量的蛋白质、氨基酸、必需脂肪酸、维生素和矿物元素的供给。但饲料中蛋白质含量过高时，蛋白质的利用率降低，多余的蛋白质转化成尿氮排出体外，本时期母貂由于腹中胎儿快速发育，自身的代谢负担加重，过高的蛋白质继续增加肝肾负担，反而不利于产仔。

山东、河北地区在妊娠期多采用增加光照技术。增加光照能够缩短水貂的妊娠时间，彩色貂补光的效果好于标准貂，彩貂中尤以咖啡貂最为明显。应用补光技术的水貂，必须采取合理的光照程序，否则光照释放的错误信号会诱导母貂激素紊乱，反而空怀率大大增加。同时，由于母貂的妊娠时间缩短，胎儿在相对较短的时间内完成发育，需要给母貂提供更高的营养水平，对饲养管理技术的要求更高。在衡量饲料中蛋白质供给水平时，应以可消化蛋白质指标作为参考，因为，饲料粗蛋白质含量不能完全反映水貂的蛋白质摄入量。

3. 妊娠后期饲养管理要点

妊娠后期要排除各种干扰因素，如不应在貂场内搞基础建设或在附近放炮等行为，以免孕貂受到惊吓刺激而发生流产。同时，加强笼舍的检查维修，避免跑貂，减少捕捉，防止发生机械性流产。

做好产前准备工作，笼箱内的稻草要在阳光下充分晾晒，干净的垫草可保证母貂产仔及产后仔貂的健康，防止因细菌感染导致母貂或仔貂死亡。如果采用保温产仔盘，笼箱内可以不放稻草，但产仔盘底部要放一些锯末，便于吸收尿液等，保证笼箱内干燥温暖。笼箱顶部需要用稻草封住以便于保温，如果是全木质封闭木箱，可以不用在产箱顶部加垫草。

三、哺乳期营养需要量与饲养管理要点

水貂产仔泌乳期，实际上是一部分妊娠，一部分产仔，一部分泌乳，一部分恢复（空怀貂），仔貂由单一哺乳分批过渡到兼食饲料，成龄貂全群继续换毛的复杂生物学时期，这是母貂营养消耗最大的阶段。据报道，1~10日龄仔貂日平均耗乳量为4.1g，11~20日龄仔貂为5.3g，母貂产后1~10d日平均授乳量为28.8g，10~20d为32.2g，水貂对蛋白质、脂肪、矿物质和维生素等营养物质均需要迫切。日粮配合必须具备营养丰富而全价，饲料新鲜而稳定，适口性强而易于消化的特点。母貂每天代谢能摄入量按照1 050~1 200 kJ供给，仔貂所需的部分另外增加。日粮中的鱼、肉、肝、蛋、乳等动物性饲料要达到80%以上，饲料中的维生素、矿物质要充足，饲料总量应达到300g以上。

（一）哺乳期营养需要量

1. 母貂哺乳期营养需要量（表4-4）

母貂在产仔后，会有2~3d厌食现象，此时期可以饲喂70%的饲料量；1周后母貂的采食量恢复。母貂在产后7d内，乳汁营养丰富，干物质含量高，但泌乳量较低，一般在产后14d左右，达到泌乳高峰期。在产后21d，母貂的乳汁干物质含量减少，且泌乳量逐渐减少，因此把水貂泌乳期分为泌乳前期和泌乳后期。泌乳前期为仔貂1~21日龄，泌乳后期为22~42日龄或分窝断奶日龄。

表 4-4　母貂哺乳期的营养需要量　［／（d·只）］

营养成分	哺乳前期	哺乳后期（含仔貂）
代谢能（kJ）	1 050~1 020	1 050~3 150
可消化蛋白质（g）	25~30	30~90
可消化脂肪（g）	6~8	8~24
可消化碳水化合物（g）	9~13	13~42

　　最近的研究表明，哺乳期母貂饲喂低蛋白质饲粮（30%代谢能）和供给稳定的可消化淀粉，母貂的泌乳能力、仔兽生长速度、窝仔兽重均好于饲喂高蛋白质饲粮组（60%代谢能）。根据母貂在产后 1~4 周内的泌乳能力和仔兽生长速度，按照标准代谢体重计算母貂的氨基酸需要量，详见表 4-5。

表 4-5　泌乳期母貂表观可消化氨基酸需要量　［g/（$kg^{0.75}$·d）］

氨基酸	1 周	2 周	3 周	4 周
必需氨基酸				
赖氨酸	0.76	0.85	1.04	1.31
苯丙氨酸	0.44	0.53	0.68	0.81
蛋氨酸	0.34	0.37	0.43	0.55
组氨酸	0.28	0.33	0.41	0.53
缬氨酸	0.64	0.77	0.90	1.20
异亮氨酸	0.48	0.58	0.70	0.93
亮氨酸	1.23	1.47	1.71	2.28
苏氨酸	0.53	0.61	0.76	0.97
精氨酸	0.76	0.98	1.13	1.41
非必需氨基酸				
半胱氨酸	0.27	0.32	0.38	0.48
甘氨酸	0.46	0.51	0.56	0.66
天冬酰胺	1.08	1.23	1.49	1.99
丙氨酸	0.64	0.74	0.83	1.15

（续表）

氨基酸	1 周	2 周	3 周	4 周
酪氨酸	0.35	0.41	0.48	0.72
谷氨酰胺	2.14	2.52	2.91	3.85
丝氨酸	0.59	0.67	0.80	1.03
合计	10.99	12.89	15.21	19.87

2. 仔貂的营养需要量

仔貂的生长发育速度能够反映出母貂的泌乳性能，母貂母性好、泌乳充足，仔貂的生长发育速度快，间接反映饲料的营养水平能否满足母貂的营养需要。母貂在 30 日龄后，泌乳能力大大下降，不能满足仔兽的营养需要，仔貂在 30 日龄后开始采食，饲料中的营养充足且易消化，仔貂的生长速度会明显增加，标准貂出生后的生长规律参见表 4-6。一般产仔数多的母貂营养消耗更大，仔貂的生长发育速度低于窝仔数少的仔貂。如果仔貂的生长速度明显小于表 4-6 中的推荐值，应该仔细检查饲料的营养水平是否足够。

表 4-6　仔貂 1~60 日龄内体重

日龄	体重（g）	日增重（g）
1	8~10	—
4	20	2~3
10	50	3~5
20	100	5~6
30	180	6~10
40	300	10~15
60	600~700（公貂）	20~25

（二）哺乳期饲养管理要点

1. 哺乳前期饲养管理要点

母貂在产仔期间要做到昼夜值班，排好值班表。目的是及时发现母貂产仔，对落地、受冻挨饿的仔貂和难产母貂及时救护。对落地冻僵的仔貂及时拣回，放在 20~30℃ 温箱内或怀内取暖，待其恢复活力，发出尖叫声后送还母貂窝内。产仔母貂口渴，要随时增添饮水，自动化饮水系统保持水嘴通畅，管道里的水必须清洁干净。

产后检查是产仔保活的重要措施，采取听、看、检相结合的方法进行。听就是听仔貂叫声。看母貂的采食、泌乳及活动情况。若仔貂很少嘶叫，嘶叫时声音短促洪亮，母貂食欲越来越好，乳头红润、饱满、母性强则说明仔貂健康。检就是直接打开小室检查。先将母貂诱出或赶出室外，关闭产箱门后检查。健康的仔貂在窝内抱成一团，浑身圆胖，身体温暖，拿在手中挣扎有力，反之为不健康。检查时饲养人员最好戴上手套，手上不要有异味，尤其不要涂抹带有气味的化妆品，否则仔兽会被母貂遗弃。

经产母貂产仔 8 个以上或初产母貂产仔 6 个以上，多出的仔貂可进行代养。母乳不足或母性不强不护理仔貂的母貂，其所产仔兽全部进行代养。代养时可将仔兽放在代养母兽的笼舍内或者产箱里。注意代养仔貂与代养母貂的仔貂产仔日期和体型大小要接近，避免代养仔貂身上沾染异味。

2. 哺乳后期饲养管理要点

母貂在产后 14d，泌乳量明显增加，但乳汁中的干物质含量下降，母貂的体重开始快速下降。饲料中的脂肪水平每间隔 2d 增加 0.5%，直到增加 2% 的脂肪含量。水貂补充脂肪时，不能添加猪油、牛油、鸡油等动物性脂肪，饱和脂肪酸主要在体内结缔组织、脂肪组织中沉积，添加动物性脂肪反而降低母貂乳量。应该添加豆油、椰子油、玉米胚芽油等植物性油脂，这些油脂内富含多不饱和脂肪酸，一些必需脂肪酸通过泌乳，增加了乳汁中必须脂肪酸的含量，满足仔貂的生长发育需要。多不饱和脂肪酸能够刺激脂肪的代谢，在哺乳期补充植物油，一方面能够满足母貂泌乳对能量代谢的需要，又不在乳腺组织中沉积，保持母貂良好的泌乳性能；另一方面是增加了仔兽对必需脂肪酸的摄入量。

饲料中应该控制灰分的含量，过高的灰分影响水貂对营养物质的消化，降低饲料的利用率，增加养殖成本。高灰分的饲料，在仔貂刚开始采食时，对胃肠道刺激作用明显，易引起仔貂的腹泻，如果不及时调整饲料配比，仔兽会逐渐发展为黏窝病，仔貂死亡率增加。

母貂经妊娠、产仔、泌乳的营养消耗，此期体质体况普遍下降，部分母貂已达枯瘦状态而出现授乳症。母貂在进行分窝后，仍按照哺乳期的饲料配方饲喂 10~20d，对患授乳症的母貂饲料中添加 0.4%~0.5%的食盐，补充 B 族维生素、铜、铁等有利于红细胞成熟的营养物质，使其尽快恢复体质。否则，母貂夏季死亡率增加，翌年繁殖也受到不良影响。在实际生产中，经产母貂产仔率下降、空怀率增加、弱仔多，多由于上一个生产周期中，母貂的体能没有得到很好的恢复。

3. 仔貂饲养管理要点

仔貂 20 日龄开始采食饲料，但这时它还未睁眼，是母貂向产箱内叼送饲料。如母貂不向产箱内叼送或者叼送很少时，可人工向产箱内投放饲料。尤其是产仔数多，母乳不足时应适时补饲饲料，有助于仔貂生长发育。

产仔母貂喜静厌惊，过度惊恐会引起母貂弃仔或食仔，故必须避免噪声刺激。仔貂采食饲料后所排泄的粪便，母貂不再舔舐，故必须搞好产箱内的环境卫生，预防疾病。

仔貂 30 日龄后，母貂泌乳能力急剧下降，母仔关系逐渐疏远，仔貂间激烈争食和咬斗，但此时母貂除回避和拒绝仔貂哺乳外，对仔貂还很关怀，遇有争斗时母貂会进行调停。仔貂 40 日龄以后，仔貂间、母仔间关系更加疏远，有时会出现仔貂间以强欺弱或仔貂欺凌母貂的现象，严重的出现仔貂中强者残食弱者或仔貂残食母貂的行为。故一般仔貂 40~45 日龄时应立即断乳分窝。

四、育成前期营养需要量与饲养管理要点

水貂仔兽从 40~45 日龄断奶转为单一饲料喂食，至 9 月中上旬为育成前期，此期为幼貂阶段，以后则转入育成后期（冬毛期）。在育成前期，由于营养物质和能量在体内以动态平衡的方式积累，使机体组织细胞在数量上迅速增加，使幼貂得以迅速生长和发育，尤其在 40~90 日龄间，是生长发育最快的阶段。此时幼貂的新陈代谢极为

旺盛，同化作用大于异化作用，蛋白质代谢呈正平衡状态，即摄入氮总量大于排出氮总量。因此，对各种营养物质尤其是蛋白质、矿物质和维生素的需要极为迫切。

（一）育成前期营养需要量

1. 不同日龄（6~8 周龄、9~13 周龄、13~17 周龄）的营养需要量

仔貂在 6~8 周龄饲粮营养水平继续使用哺乳期母貂的标准，而在 9 周龄之后调整为育成前期的饲料营养水平。彩色水貂的体型与标准貂比较明显偏大，体重增长速度也快，每天需要的代谢能也有差别。因此，给出彩色水貂在不同周龄的体重和代谢能需要具有重要参考意义，详见表 4-7。

表 4-7　育成前期彩色水貂体重和代谢能需要

周龄	公貂		母貂	
	体重（g）	代谢能（kJ/d）	体重（g）	代谢能（kJ/d）
8	650	1 300	550	1 050
9	800	1 310	650	1 150
10	1 050	1 400	750	1 190
11	1 150	1 800	850	1 200
12	1 225	1 860	960	1 250
13	1 350	2 000	990	1 320
14	1 500	2 100	1 050	1 340
15	1 650	2 150	1 100	1 390
16	1 780	2 260	1 140	1 400
17	1 850	2 280	1 170	1 410

2. 水貂生长期体重变化规律

水貂在生长期有 3 个生长高峰期，一般在 42~60 日龄间是第一个生长高峰，仔公貂从分窝时的 300g 体重，迅速增加到 800~900g。第二个快速生长高峰是在 90 日龄之后，大概持续 10d。第 3 个生长

高峰在育成后期，之后水貂增速明显变缓。标准貂在生长期的体重变化规律见表4-8。彩色貂的体型和体重明显大于标准貂，因此彩色貂在生长高峰期内的增速也明显高于标准貂。

表4-8　标准貂生长期内体重增长规律（公貂）

日期	体重（g）	日增重（g）
7月1日	850	15~16
7月15日	1 100	12~15
8月1日	1 350	12~14
8月15日	1 550	10~13
9月1日	1 750	10~12
9月15日	1 950	8~10
10月1日	2 100	6~8
10月15日	2 200	6~8
11月1日	2 300	6~8

3. 饲料能量与水貂采食量

通常情况下，仔貂在8月15日前要给予充足的饲料，仔貂能吃多少饲喂多少，不能限饲。8月15日至10月15日间逐渐增加采食量，10月15日之后要进行限饲，不能使后备种貂长得过肥。水貂的采食量和饲料中的能值呈现负相关，饲料中的能量含量越高，水貂的采食量越低，详见表4-9。

表4-9　饲粮能值与水貂采食量　（冷鲜料，g）

饲料能值 Cal/100g	7月1日	7月15日	8月1日	8月15日	9月1日	10月1日	11月1日
110	200	227	245	264	275	264	255
115	191	217	235	252	261	252	243
120	183	208	225	242	250	242	233
125	176	200	216	232	240	232	224
130	169	192	208	223	231	223	215

（续表）

饲料能值 Cal/100g	7月1日	7月15日	8月1日	8月15日	9月1日	10月1日	11月1日
135	163	185	200	215	222	215	207
140	157	179	193	207	214	207	200
145	152	172	186	200	207	200	193
150	147	167	180	193	200	193	187

（二）育成前期饲养管理要点

1. 仔貂 6~8 周龄饲养管理要点

仔貂生后 40~45d 应及时断奶分群，提早或推迟断奶对母貂和仔貂均无益处。断奶前，应做好笼舍的建造、检修、清扫、消毒、垫草等准备工作。断奶方法是一次性将全窝仔貂与母兽分开，每 2~3 只同性别养在同一笼舍，7~10d 后分成单笼饲养。在产仔数量较多，而笼舍不足的情况下，可以将 1 公 1 母两只水貂养在同一笼舍内。如果是两只公貂或两只母貂，由于争食比较严重，易出现一大一小，影响群体发育。

刚分窝的仔貂要及时供给充足的饮水，及时赶醒在阳光下睡觉的仔貂，加强通风、预防中暑。对水貂进行驱虫，间隔 7d 后，接种犬瘟热、病毒性肠炎等疫苗。水貂接种时，注意及时更换注射器针头，做好防护工作，防止一些疾病通过针头相互传播。

2. 仔貂 9~13 周龄饲养管理要点

本阶段天气炎热，要严防水貂因采食变质饲料而出现各种疾患。因此，除从采购、运输、贮存、加工等各种环节上严把饲料品质以外，还必须有合理的饲喂制度。如果条件允许，可由每天饲喂 2 次改为 3 次，早晚饲喂的间隔时间要尽量长些，白天饲喂的两次 1h 内保证吃完，如吃不完应及时清理，晚上的饲料可以 4~6h 吃完。

饲料中添加益生菌能够改善水貂的肠道健康，由于此时温度超过 25℃，饲料中如果选用活性酵母，饲料将在半小时内发酵酸败，不得再饲喂水貂。因此选用益生菌时，秋冬季可以考虑活性酵母，而在夏季最好选用乳酸杆菌、枯草芽孢杆菌等有益菌。

第四章　珍贵毛皮动物营养需要量与饲养管理要点

饲料中可以通过添加醋酸、磷酸等无机酸，或乳酸、柠檬酸等有机酸降低饲料 pH，通过改变饲料酸度，抑制有害细菌的繁殖，延长饲料的保鲜时间，有效降低饲料酸败对水貂的影响。

3. 仔貂 14～17 周龄的饲养管理要点

水貂的采食量增加迅速，食欲旺盛，群体中 85% 的水貂能够吃完的投喂量较好，公貂每天代谢能需要量不低于 1 850 kJ，母貂每天代谢能需要量不低于 1 220 kJ。育成前期要尽力避免水貂采食变质的饲料，饲料加工工具和食具要天天刷洗和定期消毒，饲料室和貂棚内的环境卫生控制好，对蚊蝇、老鼠等要尽力灭杀，以预防胃肠炎、下痢、脂肪组织炎、中毒等疾患。

仔貂在经历了两个快速生长发育高峰后，进入了青年貂阶段，本时期水貂饲料如果继续采用高灰分的饲料，水貂发生尿结石的概率明显增加。仔貂在分窝后，通过添加酸化剂调整饲料 pH，能够预防尿结石的发生。饲料本身高灰分、钙磷比不平衡、维生素 D 缺乏，都是导致水貂发生尿结石的原因。鸡骨架、鱼排、鱼头、鸡头等饲料原料，灰分含量均高，由于这些饲料原料价格相对便宜，部分养殖场为了减少饲料费用，大量使用高灰分饲料原料，当鸡骨架用量超过 30% 时，青年貂发生尿结石率明显增加。如果动物性饲料只选用骨架和鱼排，即使调整饲料酸度，补充维生素 D，青年貂的尿结石率仍然较高。

五、育成后期（冬毛期）营养需要量与饲养管理要点

进入 9 月份，水貂由主要生长骨骼和内脏转为主要生长肌肉、沉积脂肪，同时随着秋分以后的日照周期变化，将陆续脱掉夏毛，长出冬毛。此时，水貂新陈代谢水平仍较高，水貂进入第 3 个快速生长发育时期，蛋白质代谢仍呈正平衡状态，脂肪消化率继续提高。水貂肌肉中含蛋白质 25.7%、脂肪 9.3% 以上，毛绒则是蛋白质角化的产物，故对蛋白质、脂肪和某些维生素、微量元素的需要仍是很迫切的。据研究，此时水貂每千克体重每日需要可消化蛋白质为 27～30g。尤其需要构成毛绒和形成色素的必需氨基酸，如含硫的胱氨酸（占毛皮蛋白质的 10%～15%）、蛋氨酸、半胱氨酸和不含硫的苏氨酸、

酪氨酸、色氨酸，还需要必需的不饱和脂肪酸，如十八碳二烯酸（亚麻油二烯酸）、十八碳三烯酸（亚麻酸）、二十碳四烯酸和磷脂、胆固醇，以及铜、硫等元素，这些都必须在日粮中满足。种貂在120日龄后进入育成后期，商品貂则进入冬毛期，根据生产目的不同，饲料的营养水平和管理模式均发生改变。

(一) 育成后期营养需要量

水貂在9月初进行复选后，留作种用的采用育成后期的饲养标准，商品用的水貂采用冬毛期的饲养标准。小型养殖场一般难以分开，中大型的种貂场能够采用两种不同的饲养管理模式。水貂在18~28周龄即为育成后期，饲料中的蛋白质水平可以适当降低，一般标准貂饲粮蛋白质水平为32%，彩色貂饲粮蛋白质水平为36%，美国短毛黑水貂饲粮蛋白质为36%~38%，饲料中的蛋白质含量与饲料品质有关。蛋白质优良的饲料，其消化利用率也高。饲料中能量依然是首先要考虑的营养参数，如果本时期留作种用的水貂饲喂过高的能量，容易过胖，在繁殖期还需要进行减肥，不利于配种。育成后期彩色水貂的体重和每天的代谢能需要量详见表4-10。

表4-10　育成后期彩色水貂体重和代谢能需要量

周龄	公貂		母貂	
	体重（g）	代谢能（kJ/d）	体重（g）	代谢能（kJ/d）
18	2 000	2 300	1 200	1 420
19	2 150	2 310	1 240	1 430
20	2 270	2 310	1 280	1 440
21	2 450	2 350	1 380	1 440
22	2 670	2 450	1 510	1 450
23	2 950	2 450	1 550	1 480
24	3 200	2 550	1 600	1 500
25	3 450	2 550	1 650	1 510
26	3 600	2 450	1 700	1 400
27	3 750	2 400	1 750	1 350
28	3 900	2 350	1 800	1 300

（二）冬毛期营养需要量

商品用的水貂在冬毛期主要以催肥为主，饲料中的脂肪水平为24%~32%，饲料总能值在22MJ/kg以上，饲料中的脂肪水平如果超过32%，水貂的采食量就会下降，摄入的蛋白质也会减少，从而影响毛皮品质。水貂能够根据饲粮的能量水平来调节采食量，因此应该综合考虑水貂的蛋白质需要量、能量需要量来优化饲粮配方。本时期一般为了提高水貂的毛皮品质，饲粮中以鲜饲料为基础应添加0.05%~0.15%的蛋氨酸，或以风干物质为基础添加0.15%~0.45%的蛋氨酸。

（三）育成后期饲养管理要点

种貂从育成前期进入育成后期，对饲料中蛋白质的数量需求降低，但对蛋白质的质量要求更高，尤其是注意饲料含硫氨基酸的含量以及含硫氨基酸所占蛋白质的比值。育成后期水貂发生结石的概率减少，尿湿症反而增加。如果水貂的尿液明显偏黄，可考虑每只水貂每天投喂1g氯化铵，并调整饲粮中蛋白质、脂肪、碳水化合物的比值。文献中报道，如果饲粮中脂肪含量过高，碳水化合物含量不足，水貂尿液中的表面活性物质改变，诱发尿湿，经过一段时间会诱发尿路感染，水貂在配种期将出现配种率降低的现象。

育成后期的种貂，饲粮中的脂肪含量不宜过高，以免种貂过肥，而不利于体况的调整。水貂可以通过摄入的能量调节采食量，脂肪含量过高，采食量降低，实际摄入的蛋白质不足，影响水貂生殖系统发育和冬毛生长。

水貂在这一时期也要进行严格的选择，不符合种貂要求的，必须进行淘汰。根据毛绒品质（包括颜色、光泽、长度、细度、密度、弹性、分布等）、体型大小、体型类型、体况肥瘦、健康状况、繁殖能力、系谱和后裔鉴定等综合指标，逐只仔细观察，最后选优去劣，淘汰多余的水貂。特别要注意淘汰有遗传缺陷的个体，如针毛只在尖端色浓、毛被有暗影或者斑点、腹部毛绒红褐、卷毛、后裆缺毛等。对选定的种貂，要统一编号，建立系谱，登记入册。

（四）冬毛期饲养管理要点

在目前的水貂生产中，比较普遍地存在着忽视水貂冬毛期的饲养，不少貂场为了降低饲料成本，而在此期间采用低劣、品种单调、新鲜度不高的动物性饲料，甚至以大量的谷物类饲料和蔬菜代替动物性饲料饲养皮貂，结果因机体营养不良，导致大批出现带有夏毛、毛峰勾曲、底绒空疏、毛绒缠结、枯干凌乱、后裆缺针、食毛症、自咬病等明显缺陷的皮张，严重降低了毛皮品质。

水貂生长冬毛是短日照反应，因此在一般饲养中，不可增加任何形式的人工光照，并把皮貂养在较暗的棚舍里，避免阳光直射，以保护毛绒中的色素。从秋分开始换毛后，应在小室中添加少量垫草，以起到自然梳毛作用。同时，要搞好笼舍卫生，及时检修笼舍，防止污物沾染或者损伤毛绒。饲喂添加的饲料不要粘在皮兽身上。10月份应检查换毛情况，要及时活体梳毛除掉缠结毛。

六、准备配种期营养需要量与饲养管理要点

经产水貂的配种准备期一般从9月下旬开始，至翌年的2月为止，历时5个月。当年留种水貂的配种准备期为12月到翌年2月，与经产水貂划分时期不同。因为准备配种期时间较长，又可分为3个阶段：9~10月为准备配种前期；11~12月为准备配种中期，翌年1~2月为准备配种后期。准备配种期饲养管理的任务是：做好选种工作；调整种貂体况；促进种貂生殖系统的正常发育；确保种貂换毛与安全越冬。

（一）准备配种期营养需要量

当年留种的水貂，一般体型都会偏胖，在配种准备期要进行体况调整。一般在配种准备期水貂的饲粮营养水平为全年最低，饲粮蛋白质水平为32%，脂肪水平12%~14%。在遇到极寒天气时，饲料中的脂肪水平可增加到16%以上，以对抗极寒天气对水貂的影响。一般全年都要对成年水貂的体况进行控制，防止水貂过肥，也避免饲料浪费，表4-11中的母貂数据不包括繁殖需要的代谢能。

表 4-11　成年水貂的代谢能需要　　　　　　　（kJ/d）

月份	公貂	母貂
1	1 400	1 000
2	1 450	1 100
3	1 500	1 200
4	1 450	1 050
5	1 500	1 050
6	1 500	1 100
7	1 800	1 200
8	1 850	1 220
9	1 850	1 350
10	1 900	1 400
11	1 800	1 300
12	1 500	1 050

（二）准备配种期饲养管理要点

1. 准备配种前期饲养管理要点

准备配种前期的饲养，主要是增加营养，提高膘情。因为经产貂夏季食欲不振，体况偏瘦，此时食欲开始恢复，幼龄貂仍处于继续生长发育阶段。全群普遍都要脱掉夏毛长出冬毛，故要提高日粮标准和动物性饲料比值。此时，公貂需每只每天实际摄入代谢能 1 850～1 900kJ，母貂每只每天摄入代谢能为 1 350～1 400 kJ。动物性饲料种类越丰富越好，一般建议不低于 3 种动物性饲料原料。公貂的采食量不低于 400g，母貂在 280g 以上。

2. 准备配种中期饲养管理要点

准备配种中期的饲养主要是维持营养，保持膘情，但必须参考当地当时的气候条件。在我国东北地区，应当在维持营养的基础上向上调整膘情，主要防止过瘦，以保证过冬储备和代谢消耗的需要。而在冬季不太寒冷的其他地区，则应在维持营养的情况下，向适中体况进行调整，主要是防止出现过肥和过瘦两极体况。但不论何地，动物性饲料比例不应低于70%，每天每只蛋白质摄入量不低于30g。而在12月份，不可只顾当年的取皮工作，而忽视和放松对种貂的饲养管理。否则，对下年的生产势必会产生不良的影响。

水貂体况鉴定的方法一般有3种：目测法、称重法和指数测算法。其中目测法和称重法适用于公貂，称重法和指数测算法适用于母貂，切记不可用指数测算法判定公貂体况。

目测法：逗引水貂立起观察，中等体况的，腹部平展或略显有沟，躯体前后匀称，运动灵活自然，食欲正常。过瘦的，后腹部明显凹陷，躯体纤细，脊背隆起，肋骨明显，多作跳跃式运动，采食迅猛。如果出现食欲不振，一定要进行阿留申检测，检测结果判定阳性的一律淘汰。过肥的，后腹部突圆甚至脂肪堆积下垂，行动笨拙，反应迟钝，食欲不旺。目测法观察水貂时，每3~5d观察一次。

称重法：1~2月应每10d称重一次。注意区别彩貂和标准貂的体重，彩貂体型大，重量比标准貂大很多。一般标准貂公貂体况中等时，体重应为1 800~2 200g，全群平均在2 000g左右，母貂应为950~1 150g，平均1 050g左右。当然由于体型大小不同的影响，体重不可能绝对反映出体况的高低，故通常是采用与目测相结合的体重鉴定法。

指数测算法：用体重除以体长计算得出。体重指数=体重（g）／体长（cm）。母貂临近配种之前的体重指数在24~26时，其繁殖力最高。这在一些貂场也得到了验证。

体况鉴定后，应对过肥、过瘦的水貂做出标记，并分别采取减肥与催肥措施，以调整其达到中等体况。

减肥办法：主要是设法使种貂加强运动，消耗脂肪。如人工逗引或者少喂饲料，均可刺激水貂加强运动。饲料配制时，注意减少饲料中的脂肪含量，适当减少饲料量，但要注意蛋白质的摄入量。对明显过肥者，可每周断食1~2次，极寒天气不能禁食。如外界不太冷，可以暂时撤出产箱内的垫草，增加水貂的维持需要，从而达到减肥的目的。

催肥方法：主要是增加日粮中优质动物性饲料比例和总饲料量，如果群体中过瘦的比例低，可单独补饲。同时给足垫草，加强保温，减少能量消耗。对因疾病引起的消瘦水貂要及时淘汰。

3. 准备配种后期饲养管理要点

本时期主要是调整营养，平衡体况。在冬季十分严寒的北方，虽然前段尽力维持营养和膘情，但因饲料冻结，影响水貂采食，仍然难免有不少水貂膘情降低，故应向上调整体况，使其适中或略偏上。因此在日粮标准的调配，虽然数量不增加，但要保证饲料的质量，一般母貂每天摄入量为200g左右。河北、山东地区，如果是暖冬，水貂的体重反而容易增加，注意水貂不能过肥。1-2月是水貂生殖器官和生殖细胞（精子、卵子）全面发育成熟的阶段，需要全价的蛋白质和多种维生素。东北地区每日饲喂两次，饲料水分要适当减少，饲料的颗粒可以略大，便于水貂采食。河北、山东地区可每天饲喂1次。

做好水貂的发情检查工作，水貂产仔率的高低与配种时间关系很大，而能否做到适时配种，又在很大程度上，取决于能否准确掌握水貂发情的周期变化规律。据观察，水貂从1月开始陆续发情，低纬度地区水貂配种时间较早，但高寒地区必须3月初可以配种。在这期间进行发情检查的目的，一是摸清每只母貂发情的时间早晚和周期变化规律，掌握放对配种时间，避免由于急切追求进度盲目放对所造成的拒配、强制交配、咬伤、失配、空怀、低产等不良后果；二是提早发现由于饲料营养和环境条件失调所造成的生殖系统发育不良，及时采取弥补措施，从而减少失配和空怀的比率。

检查方法是，从1月份起，趁貂群活跃的时候，每5~7d观察一次母貂外阴变化，并逐个记录。在正常饲养的情况下，一般在1月末母貂发情率应达到70%左右，2月末达90%以上。如果在1-2月发现大批母貂没有发情症状，则意味着饲养管理上存在某种重大问题，必须立即查明原因加以改进。

第二节　蓝狐营养需要量与饲养管理要点

一、配种期营养需要量与饲养管理要点

2—5月为蓝狐的配种期，是蓝狐饲养业最为关键的时期之一，

这个时期的中心任务是制订好配种计划，做好蓝狐的发情鉴定和配种，争取多配、全配，充分发挥优良种狐的遗传特性。蓝狐配种的成败，直接关系到蓝狐的产仔成活数和仔兽质量，影响蓝狐饲养业全年的经济效益和养殖者的切身利益。

每年3月上旬至4月上旬是蓝狐配种比较集中的时期，蓝狐的配种期受地理位置、光照、年龄、营养、体况等因素的影响，发情早晚不尽相同，从1月1日开始，有规律地增加光照可使蓝狐的配种期提前。此时期饲养管理的主要任务，是使公狐有旺盛持久的配种能力和良好的精液品质，母狐能够正常发情，适时完成配种、妊娠。

（一）配种期的营养需要量

种公狐在配种期要排出或被采出大量精液，母狐也要陆续产生和排出较多的成熟卵细胞，种狐营养消耗非常大。另外种狐在发情配种期，由于性欲冲动神经兴奋，食欲下降，体质消耗较大，尤其公狐频繁地交配，营养消耗更大，配种期间，大多数狐的体重下降10%~15%，因此配种期种狐的日粮要求营养全价、适口性好、体积小、易于消化。

日粮中肉、鱼类占40%，肝占5%，熟化谷物类占30%，乳、蛋类占25%，日粮中粗蛋白含量为41%~43%，粗脂肪含量为12%~16%。每日需要的代谢能2.1~2.2MJ，可消化蛋白质为60~65g，维生素A 2 400~2 500IU，维生素E 25~30mg，维生素$B_1$1mg，维生素$B_2$25~30mg，维生素$B_6$1mg，钙0.5%~1.0%，磷0.5%。

（二）配种期饲养管理要点

1. 母狐饲养管理要点

由于蓝狐配种时间持续较长，所以配种期母狐的管理任务主要是做好发情鉴定。发情鉴定主要通过行为观察、外阴检查、阴道细胞检查、测情器检测、试情放对等进行综合判定。进入2月，每隔10d发情检测1次，临近发情持续期的，每2~3d检查一次，并及时标记发情进程及下一次检查时间，以便适时配种。蓝狐配种采取连日复配方式复配2~3次，对于结束交配的母狐，随时按顺序归入妊娠狐群饲养。蓝狐放对配种或人工授精选择早晨和傍晚凉爽时进行。放对配种公母比例为 1 ：（4 ~ 5），人工授精公母比例为 1 ：（15 ~ 20）。人工授精采精一次，休息 2d 再采精，不要连续采精。对于发情晚于 4 月 20 日的蓝狐，不再参加配种，因为即使配种，气候等因素也会影响产仔成活和仔兽的生长发育。

蓝狐对周围环境敏感，因此配种期要保持饲养场内环境安静，避免外人进场，全部操作由饲养员负责进行；由于配种过程频繁抓狐，要随时检查笼舍，严防跑狐；人工输精时要注意母狐外阴和输精器械及环境的消毒，做好配种记录，为预产期的推算和系谱登记做好准备。

2. 公狐饲养管理要点

公狐在配种过程中起着重要的作用，因此在配种期合理利用公狐，直接关系到配种进度和当年的生产效果。由于种公狐配种期性欲高度兴奋活跃，体力消耗较大，采食不正常，每天中午要补 1 顿营养丰富的饲料或 0.5 ~ 1.0 枚鸡蛋。对于食欲欠佳但配种能力很强的公狐，可在日粮中加些鲜肝、蛋黄、生肉，使它尽快恢复食欲。一只公狐可交配 4 ~ 6 只母狐，能配 8 ~ 15 次，每天可利用 2 次，其间隔时间应在 3 ~ 4h。但对性欲旺盛的公狐应适当控制，防止利用过频，连续配 4 次的公狐应休息 1d。对发情较晚的公狐，要耐心训练，与已经初配过的母狐进行交配，争取初配成功。在交配顺利的情况下，要注意公狐精液品质的检查，在配种初期和末期应抽查镜检，尤其对性欲强且已多次交配的公狐，更应该引起重视。对于人工采精的公狐要注意采精频次和手法，每次采精后镜检，根据精液密度和质量用专用稀释液稀释到一定倍数，然后再进行输精。

二、妊娠期营养需要量与饲养管理要点

蓝狐妊娠期约为 52d（51 ~ 53d），妊娠期划分为妊娠前期（1 ~ 20d）、妊娠中期（21 ~ 40d）、妊娠后期（40d 以后）。妊娠期的母狐新陈代谢旺盛，其营养需要是全年最高的时期，此期除了满足母狐自身的营养需要及胎儿生长发育，还要储备营养物质以供产后泌乳的需要。因此，饲养管理的好坏直接关系到母狐生长、妊娠和产仔，关系到仔兽的健康和养狐经济效益，妊娠期是蓝狐生产的关键时期。这一

时期主要是调整好母狐的体况，为产仔和产后泌乳创造良好的基础条件。

妊娠期的蓝狐饲料必须保持新鲜，不能饲喂腐烂变质、酸败发霉、过期变质及含有激素类的饲料，如带有甲状腺素的气管、生殖器官、胎盘等饲料，经激素处理的畜禽副产品，贮存时间过长的动物性饲料，潮结、发霉的谷物饲料，过期变质的维生素类、微量元素类添加剂等。否则会引起蓝狐的胃肠炎和毒害胎儿，继而造成妊娠中断、胚胎吸收、死胎或流产。

（一）妊娠期营养需要量

妊娠期饲料要多样搭配，相对稳定，不要突然改变种类及日粮搭配。妊娠期推荐蓝狐蛋白质适宜水平为 30.43%，粗蛋白质适宜的需要量为 77.94～84.06g/d，妊娠期适宜的脂肪水平为 17%～19%，妊娠期每日需要代谢能 2.51～3.14MJ。可消化蛋白质 70～77g、脂肪 23.3～25.7g、碳水化合物 49.6～53.6g。同时补充足量的维生素和微量元素等添加剂。

（二）妊娠期饲养管理要点

1. 妊娠前期饲养管理要点

妊娠前期母狐对营养的需求量不大，只要保证饲料新鲜、营养全价、适口性好即可，此时不要增加饲喂量或饲喂脂肪含量高的饲料，体况保持中等水平，防止出现过肥，影响妊娠及产仔。

2. 妊娠中期饲养管理要点

妊娠中期，胎儿发育迅速，腹围逐渐增加，饲料需要量也随之增加，此时根据胎儿发育情况增加饲喂量，体况保持中等或中等偏上。饲料要新鲜、全价，饲料原料多样、搭配合理，不要随意更换饲料配方。如果有流产征兆，要加强保胎，每只肌内注射黄体酮 20～30mg。

3. 妊娠后期饲养管理要点

妊娠后期，对环境特别敏感，饲养场内保持环境安静。根据预产期，产前 10d 放入消毒好的产箱，并在产箱内铺设消毒的垫草，准备好接产和助产的用品，如手术剪、镊子、碘酒、注射器和催产素等常规药品。临产前对水需求量增多，要保证清洁充足的饮水，同时降低饲料的稠度，临产前 3d，降低一半的饲喂量，以保证顺利分娩和产后良好的食欲。饲养员经常检查蓝狐的采食情况和产仔情况，发现异常情况及时采取措施。

三、哺乳期营养需要量与饲养管理要点

哺乳期是蓝狐生产中的关键环节，这一阶段母狐的生理变化较大，体质消耗较多，这一时期的主要任务是抓好母狐的饲养，做好接产、助产和仔狐的护理，中心任务是产仔保活，促进仔狐生长发育。此期饲养管理合理与否，直接影响到母狐的泌乳力、持续泌乳时间以及仔狐的成活率。

哺乳期间母狐要消耗体内大量营养物质，保证仔狐哺乳，这就需要供给母狐优质、全价饲料来补充体内消耗，此时的日粮配合与妊娠期基本相同，但为了促进泌乳，在饲料中补充乳、蛋等蛋白类饲料，以利催乳。饲料加工要精细，浓度要稀，满足其食量，以无剩食为宜。随着仔狐的生长，它的吸乳量加大，母狐泌乳量日渐下降，依靠母乳很难满足仔狐的营养需要，必须要给仔狐补饲，让其自由采食，以弥补乳汁的不足。

（一）哺乳期营养需要量

蓝狐哺乳期饲粮蛋白质适宜水平为 35%，粗蛋白质适宜的需要量为 120~159g/d，脂肪的推荐水平为 17%~19%，粗脂肪适宜的需要量为 34.00~42.50g/d，代谢能为 2.72~2.93MJ，同时补充充足的维生素和微量元素等添加剂。饲料原料的不同，决定了配合饲粮氨基酸组成的差异，干粉饲粮的赖氨酸每百克 1.24g，蛋氨酸每百克为 0.62g；鲜饲料由于含水量不同，氨基酸的含量存在较大差异，建议鲜饲料每百克干物质中的赖氨酸含量不低于 1.24g，蛋氨酸含量不低于 0.91g。产后 1 周左右，母狐食欲迅速增加，应根据胎产仔数和仔狐的日龄以及母狐的食欲情况，每天按比例增加饲料量，但空怀或绝窝的母狐甚至需要减少饲料量。

（二）哺乳期饲养管理要点

1. 母狐饲养管理要点

对于临产的母狐，要进行接产和助产，遇到难产的母狐，要适时

珍贵毛皮动物饲料与营养

注射催产素，第 1 次可肌内注射 10~20IU，经 1h 还未产仔，再等量注射 1 次。对于注射催产素也不能产出的母狐实施剖宫产手术，并注意产后护理，以防子宫发炎。母狐产后，当见到母狐排出煤焦油状胎便时，即可检查产箱，产后检查一般在产后的 6~8h 进行，主要检查脐带是否咬断，没有咬断的用消毒的剪刀剪断脐带。检查时给母狐肌内注射 80 万单位的青霉素 1 支，缩宫素 1 支，每只仔狐口服庆大霉素 1 滴，对于母狐的子宫炎和仔狐的胃肠炎有较好的预防作用。对于产仔较多的母狐或母性差的实施人工代养，一般将仔狐代养到出生相同或晚一两天出生的蓝狐窝内。产后最初 3d 内不要饲喂太多饲料，以免发生乳房炎，3d 后随着仔狐哺乳量的增加逐渐增加饲喂量，产后 10d 母狐的采食量不再控制，吃多少给多少。母狐产后做好产仔记录。

2. 仔狐饲养管理要点

初生仔狐体温调节机能不健全，生活能力差，靠温暖的产箱和母狐的照料而生存。因此，产箱要有充足、干燥的垫草，不能让冷风直接吹入产箱，以利保暖。产后保证仔狐吃上初乳，对于没有吃到初乳的要对母狐进行保定，人工强制哺喂初乳，使仔狐采食至少 1d 的初乳，然后用滴管或犬猫宠物奶瓶，饲喂消毒过的牛羊奶粉或宠物犬奶粉，按 1:7 与水稀释，温度控制在 40℃ 左右，每次饲喂 1.5~3g，每 4h 饲喂 1 次。每次喂前先用手指或棉签刺激仔狐会阴部使其排出粪尿。

仔狐在 20 日龄后，开始补饲，可以单独给仔狐配制补饲饲料，推荐的蛋白质适宜水平为 35%~36%，脂肪的推荐水平为 12%~13%，同时补充充足的维生素和微量元素等添加剂。也可以饲喂市售的代乳料，每日两次，分别于 10:00 时和 16:00 进行，直至断奶分窝。仔狐采食饲料后，母狐不再采食其粪便，此时注意经常清理产箱，以防仔狐吃到腐败的食物引起肠胃炎。

四、育成前期营养需要量与饲养管理要点

育成前期幼狐代谢旺盛，生长发育迅速，饲料利用率高，必须供给充足的营养物质才能满足其机体需要，对日粮要求营养全价、饲料

品质好。在 2~4 月龄期间，为幼狐生长发育最迅速的阶段，此期饲养得好坏，直接关系到预备种狐翌年的种用性能、皮张大小和毛绒质量。这时期的主要任务是保证幼狐的生长发育。

（一）育成前期营养需要量

幼狐断乳后头 2 个月时生长发育最快，此期间饲养的正确与否，对体型大小和皮张幅度影响很大。断乳后前 10d 幼狐的日粮，仍按哺乳期母狐的日粮标准供给，仔狐断乳后都有一个不应期，是指仔狐断乳后的 5~7d，这期间仍按哺乳期补饲的标准饲喂仔狐，各种饲料的比例和种类均保持前期水平，但要注意仔狐食量的掌握，宁可少一些，也不能过量。因这期间仔狐刚完全依赖饲料，胃肠消化功能尚未完全适应饲料，独立生活能力差。经历短暂的不应期，幼狐则开始完全依赖饲料生存。此期保证饲料营养的全价性，掌握好饲喂量，如果饲料完全采食干净，就稍微加一些量，如果大部分吃完，个别的稍微剩一点，比较适量。在育成前期，通过饲喂量的调节，使蓝狐一直保持旺盛的食欲，如果饲喂量太多，会导致蓝狐集体拒食，恢复食欲需要几天时间，对蓝狐的生长发育会造成很大影响，因此，一定要控制好饲喂量。

在蓝狐育成期，脂肪的沉积量较少，主要沉积蛋白质和矿物质，所以此时期蛋白质需要量大、利用率高。如果蛋白质等营养素不足，则会抑制幼狐的生长发育。推荐蓝狐育成前期蛋白质适宜水平为 32%，粗蛋白质的适宜需要量为 97~106g/d，粗脂肪适宜水平为 18%~24%，蓝狐代谢能适宜摄入量为 4.15~5.47MJ/d。育成前期蓝狐饲粮蛋氨酸适宜水平为 1.14%，蛋氨酸适宜需要量为 3.51~3.66 g/d；赖氨酸适宜水平为 1.46%，赖氨酸适宜摄入量为 4.24~4.27 g/d。饲粮铜水平为 40mg/kg，适宜摄入量为 11.52~12.04mg/d；适宜锌水平为 60~80mg/kg，适宜摄入量为 27.52~41.16mg/d。钙 1.2%、磷 0.8%、食盐 0.5%、维生素 A 2 440IU/kg、维生素 B_1 1.0IU/kg、维生素 B_2 3.7mg/kg、泛酸 7.4mg/kg、维生素 B_6 1.8mg/kg、维生素 PP 9.6 mg/kg、叶酸 0.2mg/kg。在育成前期，当蓝狐日粮蛋白质水平降到 30% 时，添加 0.8% 的蛋氨酸，对蓝狐的生产性能有提升的趋势，对营养物质消化率及氮代谢较好。

(二) 育成前期饲养管理要点

断乳分窝根据母狐体况和仔狐生长发育进行, 一般 40 日龄分窝, 如果出现母狐泌乳能力下降, 与仔狐争食、掐架的情况可将分窝提前至 30 日龄。产仔 5 只以上的分成 2 窝, 产仔 5 只以下的分成一窝, 待完全独立采食分为 2 只同性别仔狐合笼饲喂。对于发育差、体质弱的仔狐随母哺育 10~20d 再分窝。分窝后饲喂的饲料稍稀, 10d 后仔狐能自行采食贴料, 再机械化饲喂贴料。分窝时随时用左旋咪唑片驱虫, 7 月份注射犬瘟热和细小病毒性肠炎疫苗、狐脑炎疫苗。分窝时同时进行初选, 根据母亲繁殖性能和仔狐的生长发育进行, 一般选择母狐产仔成活 7 只以上的, 配种日期在 4 月 10 日以前的留种。分窝后, 种母狐进入恢复期, 恢复期持续 1 个月的时间, 恢复期的饲料配方同妊娠期。初选后, 留作皮用的根据生长发育适时注射褪黑激素, 注射激素 10d 后, 逐渐增加皮狐的饲喂量, 以促进皮狐的生长发育和毛绒生长。同笼的如果有一只发生死亡, 要随时调入采食量相近的蓝狐, 以方便机械化定量饲喂。

五、育成后期 (冬毛期) 营养需要量与饲养管理要点

进入 9 月份, 当年幼狐身体开始由主要生长骨骼和内脏转为主要生长肌肉和沉积脂肪。随着秋分以后光照周期的变化, 狐开始慢慢脱掉夏毛, 长出浓密的冬毛, 这一时间被称为狐冬毛期。冬毛期狐的蛋白水平较育成期略有降低, 但此时狐新陈代谢水平仍较高, 为满足骨骼、肌肉生长等, 蛋白质水平仍呈正平衡状态, 继续沉积。同时冬毛期正是狐毛皮快速生长时期, 因此, 此期日粮蛋白中一定要保证充足的构成毛绒的必需氨基酸, 如蛋氨酸、胱氨酸和半胱氨酸等, 但其他非必需氨基酸也不能短缺。冬毛期狐对脂肪的需求量也相对比较高, 首先是起到沉积体脂肪的作用, 其次脂肪中的脂肪酸对增强毛绒灵活性和光泽度有很大的影响。同其他生理时期一样, 冬毛期狐日粮中不仅要保证蛋白与脂肪的需要量, 其他各种维生素以及矿物质元素也是不可缺少的。

(一) 育成后期营养需要量

育成后期, 蓝狐需要采食大量的脂肪和碳水化合物, 同样需要采

食大量蛋白质，用以供给被毛生长所需。日粮在满足蛋白质、氨基酸、维生素及矿物质需求量的同时，一定要保证种类齐全，同时必须保证能量饲料充足，适当增加谷物饲料，这段时间狐的脂肪沉积较快，要使之肥一些，为越冬做准备。要饲喂新鲜、多样、多种饲料配合的日粮，可使蛋白质互补，有利营养物质吸收利用。推荐狐育成后期营养需要量代谢能水平为 18.82MJ/kg，公狐代谢能适宜摄入量为 4.19~6.00MJ/d，母狐代谢能适宜摄入量为 3.40~5.92MJ/d。蛋白质水平为 28%，粗蛋白质适宜需要量为 113~115g/d。粗脂肪 26%、粗脂肪的适宜需要量为 69~82g/d，碳水化合物在 15%~25%，蓝狐代谢能适宜摄入量为 4.19~6.00MJ/d。冬毛期蓝狐饲粮蛋氨酸适宜水平为 0.99%，蛋氨酸适宜需要量为 3.93~4.02g/d，赖氨酸适宜水平为 1.54%~1.74%，适宜摄入量为 5.95~6.75g/d。饲粮铜水平为 40~80mg/kg，蓝狐适宜摄入量为 13.89~27.66mg/d，锌适宜水平为 80~120mg/kg，适宜摄入量为 27.52~41.16mg/d。钙 1%、磷 0.6%、食盐 0.5%、维生素 A 2 440 IU/kg、维生素 B_1 1.0IU/kg、维生素 B_2 3.7mg/kg、泛酸 7.4mg/kg、维生素 B_6 1.8mg/kg、维生素 PP 9.6 mg/kg、叶酸 0.2mg/kg。

（二）育成后期饲养管理要点

有些养殖户对皮用狐饲养不够重视，动物性饲料比例偏低，饲料种类单一，结果出现皮张尺码小、毛绒质量差、经济效益低，生产中不提倡这种饲养方法。在育成后期，要根据蓝狐生长发育及毛绒发育的特点，为皮用狐提供全价的日粮。9 月，不要饲喂蛋白质含量过高的日粮，否则会促进绒毛的早期发育，影响针毛的生长。到 10 月，再提高蛋白质水平，有利于绒毛生长。此期要加强饲养管理，保持笼舍清洁干净，进入秋分后，防止饲料沾到狐体上，有缠结毛要及时梳理。在取皮前 2~3 个月，应将狐养在阴面或光照强度弱的地方，尽量减少光照，以提高毛绒的光泽度。皮用狐不再控制体况，以偏肥为好，日粮中交替添加植物油或动物油 10~15g，可以减少蛋白质饲料用于能量的消耗，提高蛋白质的利用率和毛绒质量。为了增加毛绒颜色深度，可在日粮中添加维生素 B_2 3~5mg 和含铁、铜的微量元素添加剂。

(三) 蓝狐生长曲线

由于近些年养殖的是由芬兰狐改良的蓝狐，体重和增长曲线的走势与早些年饲养的蓝狐有了较大区别，较早饲养的蓝狐前 4 个月增重较快，2 月龄内日增重约 30g，3~4 月龄日增重 30~40g，4 月龄以后增重减慢。目前饲养的芬兰狐的改良狐体重较大，2 月龄日增重约 50g，4 月龄达 100 多克，后期要沉积大量脂肪，因此体重一直处于增加的趋势，生长速度和生长曲线见表 4-12 和图 4-1。

表 4-12　蓝狐生长速度

日龄	公		母	
	体重（kg）	绝对生长（g/d）	体重（kg）	绝对生长（g/d）
45	1.34	0.00	1.17	0.00
70	2.62	51.28	2.64	58.92
90	4.68	102.90	4.41	88.35
120	8.28	119.83	7.86	115.03
150	10.63	78.50	9.99	70.97
180	13.64	100.48	12.02	67.67

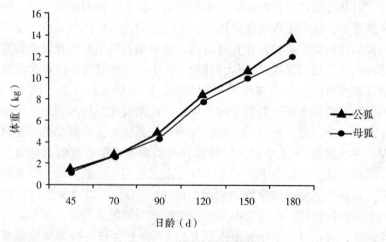

图 4-1　蓝狐的生长曲线

六、准备配种期营养需要量与饲养管理要点

从秋分至翌年配种之前为准备配种期。蓝狐的准备配种期历时4个多月，可分为2个阶段，即11-12月为准备配种前期，翌年1-2月为准备配种后期。这一时期毛皮动物的生殖系统由静止状态转入生长发育状态，准备配种期饲养管理得好坏，直接影响种狐的生殖器官发育、发情配种、受孕乃至全年生产的成败。准备配种期也是狐冬毛生长期，所以准备配种期要加强种狐安全越冬管理，满足越冬成年狐体质恢复，促进性器官的发育与成熟，保证毛绒的正常生长，调节好种兽体况。

（一）准备配种期营养需要量

公狐在配种期和母狐在产仔哺乳期的体力消耗较大，为了加快狐恢复体力，公狐在配种结束后，母狐在断乳后10~15d内饲料仍要保持配种时期和哺乳期的营养水平。蓝狐准备配种期营养需要推荐量中代谢能为13.35MJ/kg，蛋白质适宜水平为30.43%，粗蛋白质适宜需要量为77.94~84.06g/d。脂肪的适宜水平为17%~19%，脂肪适宜摄入量为34.00~42.50g/d。每天每只还应摄入维生素A 2 000IU，维生素E 15mg，B族维生素10mg，维生素E的经验用量为3.0~6.0mg/kg体重。叶酸在狐日粮中的含量一般认为每千克干日粮中含叶酸0.2mg或者是每100kcal代谢能中含叶酸5.2μg为宜。尼克酸的暂定需要量为每千克体重每天补给0.39~2.0mg，或是每千克日粮干物质含有尼克酸10mg。泛酸供给量，一般认为每千克干日粮含8.0mg或100kcal代谢能中含0.21mg是可行的。日粮中每千克干物质维生素B_2（核黄素）的含量不应少于1.6mg，维生素B_1的最低供给量为每千克日粮干物质中含1.0mg或100kcal代谢能中含27μg。维生素B_6的需要量暂定为每千克干日粮中含2.0mg或饲粮中每100kcal代谢能中含50μg。适量的钙、磷比例应在（1~1.7）：1之间较好，推荐食盐添加量应该占狐日粮中干物质的0.5%。

（二）准备配种期饲养管理要点

1. 准备配种前期饲养管理要点

10月份，做好复选工作，根据蓝狐的体型、毛绒品质及生长发

育情况进行复选，11 月份开始调整体况，种狐体况保持中等偏上，判断体况办法主要采用以下 3 种：首先是看，看种狐的腹部到臀部是否成一条直线，种狐的臀部是否像鸡蛋的大头形状，如符合上述条件属正常水平；第二就是摸，摸种狐的胸部，肋骨能摸清还不太明显是正好；第三就是量，测量体重指数为 80~100g/cm。根据种狐体况进行饲喂，过肥的减少饲喂量、增加运动，过瘦的增加饲喂量，同时增加光照，可将笼子上面的石棉瓦去掉，以增加自然光照。12 月底体况保持中等偏下，看体况时，腹部到臀部成一条直线，但腹部稍微凹陷。

2. 准备配种后期饲养管理要点

进入 1 月份，体况开始逐渐往上调，配种前调整到中等体况，避免配种前及妊娠期体况过肥而突然下调体况的行为出现，否则极易导致空怀。首先用左旋咪唑或伊维菌素驱虫，隔 2 周注射犬瘟热和病毒性肠炎疫苗、脑炎疫苗，再隔 2 周，连用氟苯尼考等抗生素 5d，预防和治疗阴道加德纳氏菌病，停药 1 周，再注射加德纳氏菌疫苗。做好配种前的准备工作，制订好配种计划，准备好配种期的用品，如记录卡片、抓狐钳、捕狐网、手套、显微镜等。在 2 月初，开始给公狐增加营养，在种公狐日粮的基础上每只每天添加奶粉 25g。

第三节　貉营养需要量与饲养管理要点

貉属犬科动物，是一种具有很高经济价值的毛皮动物，广泛分布在我国各地。貉可采食、消化动物性饲料和植物性饲料。貉作为一种被人工养殖的毛皮兽，饲养过程中各个生理期的饲料应合理搭配，为了方便管理可将貉一年的培育过程分为配种期、妊娠期、哺乳期、育成前期、育成后期（冬毛期）和准备配种期，因各生物学时期生产目的不同，营养需要量和饲养管理存在很大差异。

一、配种期营养需要量与饲养管理要点

根据各地的气温不同，貉的配种季节跨度可由 1 月末至 4 月中旬。进入配种期后，貉的食欲降低，性欲变强，活动量明显增加，营

养消耗量变大，公兽的变化最为明显。因此要保证貉对各营养物质的需求，满足其对蛋白质、矿物质、维生素的需要量。这段时期的主要任务是使所有的母貉都能适时受配，同时还要确保配种质量，使受配母貉尽可能全部受孕。为此还要搞好饲养管理的其他工作。

公貉在配种期间，有时 1d 要接受 1~2 次试情放对和 1~2 次交配，整个周期要完成 3~5 头母貉 6~10 次成功的性交配。由于性欲冲动活动量大增，营养消耗量变大。另外，性兴奋可导致食欲下降、体重减轻。因此，配种期间应对种貉加强营养，尤其是种公貉更应特别关照，悉心饲养和管理。

貉在配种期，公母貉日粮的差异大一些，以有利于提高受胎率和仔貉的生命力。配种期管理的中心环节是增强活动，完成放对、试情和配种。这段时期由于频繁地捉貉检查发情和放对，要经常检查和维修笼舍。由于捉貉和放对貉的外伤发生率比较高，要提前准备好治疗外伤的药品和器械。配种前要对貉的身体进行检查确保健康，对患有传染病或怀疑患有传染病的貉不可放对。

（一）配种期间的饲养

在配种期内应供给种公貉和种母貉富含蛋白质、维生素 A、维生素 D、维生素 E 和 B 族维生素的饲料，要适当地增加动物性饲料比例。每日饲喂量 500~600g（干物质 100~150g），一日饲喂 2 次，采取"短期优饲"，即大量增加动物性饲料，有比较好的效果。短期优饲对于排卵率处于中低水平的当年母貉具有明显改善。为使种公貉在整个配种期内可以保持旺盛的性欲和配种能力，并保持良好的精液品质，确保配种进度和配种质量，对种公貉还要在中午放对结束后进行饮水和补饲。主要是以鱼、肉、蛋、乳为主的饲料，尽可能做到营养丰富、适口性强和易于消化吸收，以确保种公、母貉的健康。

（二）配种期的管理

1. 合理安排喂饲时间与放对时间

配种期间喂饲时间要与放对时间配合好，喂食前后半小时不可放对。在配种初期由于气温比较低，可以采取先喂食后放对的方法，配种中后期采取先放对后喂食。喂食时间服从放对时间，以争取配种进度为主。

2. 制订科学合理的配种计划

在配种开始前做好全面的统筹安排工作，以优良类型改良劣质类型为主，避免近亲交配。商品貂生产场配种可采取混配，即对同一母貂采用不同的公兽可有效减少空怀率，增加窝产仔数。每天放对开始前根据前一天母貂发情检查情况，制订当天的配种计划，原则是在避免近亲交配的前提下，尽可能根据母貂发情程度和公母貂的性行为进行准确搭配，制订正确、合理的日配种计划，可使配种顺利进行，提高交配成功率。所以准确鉴定母貂发情，掌握好时机，适时地放对配种，正确制订配种计划非常重要。

3. 及时检查维修笼舍，防止因种貂逃跑而造成损失

每次捉貂检查发情和放对配种，应胆大心细，捉貂要稳、准、快，既要防止貂逃跑又要小心防止被貂咬伤。

4. 添加垫草，搞好卫生工作，预防疾病的发生

配种期间由于性冲动，食欲变得很差，因此要细心观察，正确区分发情貂与发病貂，及时发现病貂并进行治疗，确保貂的健康。

5. 配种期间要保证饮水

除了日常饮水充足、清洁外，还要在抓貂检查发情或放对配种后，及时给予充足的饮水或干净的冰块。

6. 其他注意事项

种貂每天运动 15~20min，对促进发情和提高精子活力有良好的效果，从而提高受胎率和仔貂成活率。

保持貂场安静，禁止外来人进场，避免噪声等刺激。控制放对时间，保证种貂有充分的休息，确保母貂正常发情和适时配种。

母貂按配种结束日期，依次安放至饲养场中较安静的位置，进入妊娠期的饲养管理，以防由于放对配种对其产生影响。

二、妊娠期营养需要量与饲养管理要点

妊娠期是养殖过程中营养需要量最多的一个时期，要保证这段时期母貂的营养物质充足，因为此时母貂的营养物质不仅要供给自身还要为胎儿的正常发育提供充足营养，同时还要为产后泌乳积蓄营养。

所以要提高这段时期的营养供给。如果这段时间的营养不足或者某种物质缺乏，可能会造成胎儿发育停止或者死胎、烂胎、流产等现象发生，导致严重的经济损失。

妊娠期营养不足还可能会影响貉的繁育能力、胎儿的正常生长、母貉产仔数、仔貉出生后的身体健康度和成活率。妊娠期母貉的日粮要保证营养均衡，选取适口性较好的易于消化、品质优良的全价配合日粮，腐败变质的或有质量问题的饲料不能使用。

母貉在妊娠的各阶段消耗代谢的强度不同，对营养的需求量也不相同。在妊娠初期时，胎儿还比较小，此时的胎儿所需的营养物质少，如果过量饲喂不仅不会促进胎儿的正常发育，还会引起胚胎着床数降低或者胚胎内吸，造成空怀的现象。到了妊娠后期（妊娠40d以后），胎儿迅速生长发育，这段时期胎儿对营养的需求量很大，要提高供给母体的营养以提高代谢水平，加强对胎儿的营养供给，若营养水平不足或饲喂量不够容易造成产弱仔或者早产。貉的日粮中逐渐增加能量水平对貉的妊娠和产后泌乳有好处。

母貉对矿物质的需求量与胎儿的数量有关，胎儿的数量越多需要的矿物质越多。妊娠期母貉对维生素的缺乏非常敏感，如果缺乏矿物质和维生素会对母貉妊娠造成严重的影响，母貉对维生素和矿物质的需要量会随着胎儿的增长逐渐增加。

（一）妊娠期的饲养

妊娠的早期0~20d，对能量的需求量比较少，随时间的推移所需能量逐渐增加。母貉妊娠前20d，由于妊娠反应造成食欲减退，采食下降，可饲喂低脂饲料以促进食欲。要根据妊娠进程逐步增加饲料供应量。在饲喂时要满足母貉对各种营养物质的需求，同时也要防止过肥，母貉过度肥胖会造成难产、缺乳、产弱仔等。在这个阶段根据种兽的体况不同，每只母兽每天饲喂全价配合饲料100g（营养物质的摄入量大约蛋白质25g、脂肪7g）左右。

配种后20~40d，每只饲喂全价配合饲料120~130g/d（营养物质的摄入量大约蛋白质30g、脂肪9g），防止饲喂过量造成空怀。在40d后，饲喂量逐渐增加，每日早晚饲喂1次，饲喂量每2d增加全价配合饲料5g，同时供给优质的动物性蛋白质饲料，例如添加新鲜的熟鸡蛋，最初可按照 1/4 个鸡蛋添加，每 5d 增加 1/4，直至添加 1 个鸡蛋。在喂食量不过分增加的情况下，可以将母貉的饲粮适当地调稀一些。妊娠期的日粮中要适当添加一些维生素，适当添加维生素 A、B 族维生素、维生素 C、维生素 E 和鱼肝油，或者直接饲喂维生素预混料，将所添加的物质与饲料充分搅拌均匀，以免造成浪费。

在分配日粮时，要根据母貉的妊娠天数和实际的身体状况来确定饲喂量，对于妊娠时间长并且体况不太好的母貉要适当多喂一些。在母貉配种进入妊娠期后，为了保证母貉可以顺利地度过妊娠期，要科学合理地进行饲喂，在母貉的整个妊娠期间可以适当补充多种维生素，防止仔貉发生红爪病，同时为母貉提供充足的饮水。

（二）妊娠期生理变化

母貉在妊娠后会变得温驯平静，不愿意活动。在阳光充足、气候温和的时候，喜欢爬卧在笼网上。貉被毛平顺且有光泽。在妊娠 25~30d 时，在腹部可摸到黄豆粒大小的乳头，没配上的母貉乳头干瘪且硬小。妊娠 40d 时可观察到母貉腹部下垂，脊背凹陷，行动迟缓。

（三）妊娠期的管理

① 妊娠期母貉最重要的是需要一个安静舒适的环境，否则可能会造成流产或死胎，尽量避免外界对母貉有过多的刺激。

② 按配种时间的早晚将受配后的母貉，依次排放到貉场安静的位置上，提供安静、舒适的环境，不要使继续配种的工作影响到妊娠母貉。

③ 在产仔前 10d 时要把窝舍门打开，让妊娠母貉熟悉"产房"的环境。以防母貉还未对环境熟悉就产仔，可能会对幼仔造成不利。

④ 对窝舍进行消毒管理，每只种兽在放入产仔窝箱前，都要确保窝箱已经做好清扫、消毒和垫草等工作。对窝箱的消毒，一般用喷灯从里到外彻底消毒一次。

⑤ 在产仔时气温还尚未彻底转暖，昼夜温差比较大。所以，要对其窝舍做好保暖护理。一般在产仔前 5d 左右在窝舍里放入适量的稻草，以保证窝舍的温暖，产仔后若天气温度比较低，可在产箱内增加取暖装置，比如使用白炽灯取暖。用白炽灯取暖的时间不宜过长，

一般 60W 灯泡可照射 12h 左右，待所产小仔貉体表毛发干透即可。

⑥ 在母貉分娩前后的这段时间，严禁外人靠近窝舍，特别是不可观看仔貉，更不能在窝舍附近产生异响，以免使母貉因惊恐烦躁而出现食仔的现象，应给貉营造一个安静、舒适、熟悉的环境。

⑦ 及时清理粪便，保持笼舍及环境卫生，但要注意的是在清理粪便的时候要防止动作过大，特别是在妊娠后期，工作人员要尽量减少进入貉场的次数，以保持环境安静，为母貉提供一个安静、舒适的生活环境，这样有利于仔貉的成活率。

⑧ 饲养者还需要做好安全防范，防止被貉子攻击咬伤。如果万一被貉子咬伤，一定要及时注射破伤风和狂犬疫苗。

⑨ 貉的笼舍要结实、严密，笼门一定要关好，严防貉子跑出造成损失。

⑩ 饲养过程中细心观察貉的动态变化，包括食欲、消化、活动、粪便及精神状态，发现问题一定要及时处理。发现流产征兆时，要肌内注射黄体酮和维生素 E 保胎。如果出现肠炎和食欲不振要及时进行对饲料的调整和治疗使其恢复。

三、哺乳期营养需要量与饲养管理要点

这个时期是确保仔貉成活和迅速生长发育的关键时期。哺乳期是母貉跟仔貉同时存在的时期，在此期间母貉需要大量泌乳喂养仔貉。这时的仔貉还不能取食，只能以母乳为主。当仔貉的乳汁需要得不到充分满足，出现缺奶现象时，需要人工哺乳或代养。

哺乳期的仔貉发育尚处在稚嫩阶段，对外界环境的变化，不具备抵抗能力，需要为其提供保护，人为检查照顾是很重要的。哺乳期阶段的仔貉，免疫系统要经历一个重要转折变化，由先天遗传性转向后天获得性。因此，在这个时期，仔貉的消化机能还不够完全，胃肠道易被细菌或病原微生物感染，需要人工进行辅助防疫。

仔貉出生时平均体重在 100~120g，母兽产仔数目的多少，对仔兽出生体重有一定的影响。体长为 8~12cm，身上是黑色稀短的胎毛，生长发育迅速。在 10d 左右的时候睁眼，在 15d 时长牙，到了 20d 时对饲料具备一定的消化能力，可以采食稀糊状食物。25d 后仔

貉可以走出小室游玩。在断奶以前，会经常好奇地爬在笼网上，并且乱蹦乱跳，活跃异常，往往会踩翻水盆等。这段时期的仔貉尽管能够活动，但是还不能做到固定排便。到了 45d 以后，仔貉可以独立采食饲粮，进行断奶分窝，此阶段饲养的目标做到分窝体重 1. 8~2. 5kg。

（一）哺乳期的饲养

哺乳期母貉的日粮要全价，饲料要新鲜，选择易消化且适口性好的饲料，适当补充维生素。母乳不足时可对仔貉进行人工补喂或代养，人工补喂可以选择新鲜易消化的动物性饲料绞碎喂养，加入谷物熟制品、维生素，将奶或豆制品调和均匀放入仔貉口中。如果是已经开始采食的仔貉可以让其自由采食盘中的饲料，母貉的日粮供给要根据仔貉数和仔貉日龄的不同区别供给，不可均等分配。根据日龄、产仔数多少母兽应当建立哺乳料饲喂量表。

（二）哺乳期管理

对于初生仔貉要及时做好检查护理工作。一般母貉在产后 4~6h 排出黑色膏状粪便时可对仔貉进行检查。主要采取听、看、检相结合的方法。

1. 听

主要是听仔貉的叫声，健康吃饱的仔貉一般是不叫的，把耳朵贴近小室，用手轻扣小室壁，听到短促、洪亮、有力的“吱儿吱儿”叫声，一会儿后停止属正常情况；经常发出细长、嘶哑无力的“吱儿—吱儿”叫声，属异常情况。这多是因为吃不上初乳造成，也可能由于母兽产仔速度快，来不及断脐带，接二连三地产出，仔貉互相缠绕在一起造成。

2. 看

主要是看母貉的动态，母貉的吃食、粪便、有效乳头及活动情况，母貉产仔后常卧于小室内极少出来。产后 1~2 顿停食后，食欲越来越旺盛，乳头显露红润饱满，粪便正常的母仔多数是健康的。如果发现母貉频繁地出入小室或不敢走出小室，表现出焦躁不安，搬弄仔貉或乱扒垫草等的异常现象，很可能是因为母兽受到惊吓或是因饮水不足、奶水不足等营养不良因素造成的。产仔后需要给母兽充足饮水，饲料中最好加些豆汁或奶水为好；另外就是个别母兽有恶癖，这样的母貉需要在下一年选种时淘汰。

3. 检

即打开小室盖检查仔貉的状况，发现异常要及时处理。先将母貉引出小室，关闭小室门，并迅速打开小室外盖，用箱内尿草搓手以除去手上异味。当手伸进小室内时，如果感觉到热乎乎的，说明窝箱内的温度状况良好。

如果发现仔貉脐带相互粘连在一起，应立即用剪刀剪开。健壮的仔貉一般躺卧一堆或者抱团，发育相对均匀，全身油亮干燥，用手触摸温暖，握在手里挣扎有力。如果仔貉躺卧分散，个体大小不均匀，身体有皱褶潮湿，腹部干瘪，用手触摸发凉，握在手里挣扎无力，说明是弱仔或没有吃上奶，应及时采取对应措施。检查发现奶水不足或产仔数量过多的，及时把仔貉寄养给产仔少、奶量足、母性强的母貉。

检查仔貉时动作要轻、快、准，防止母貉受到惊吓。在检查的过程中，不要破坏小室的巢窝、保持原样，引逗母貉出小室时要有耐心，不可强行驱赶，惊吓母貉。检查完取小室扦板时动作要轻，可一边在笼前逗引母貉，一边取出扦板，使母貉回到小室时不会变得过分紧张和急躁，这样就不会发生母貉进出窝时出现踏伤或踏死仔貉现象。在检查时，如果发现仔貉因笼底网眼过大漏到地上受凉造成假死时，应放置在温水中并立即进行人工呼吸；如果发现胎膜还未被母貉舔吃掉，应立即剥开胎膜并用手取出仔貉口中的污物，待仔貉出现微弱的动作或呼吸时，立即放到人衣服内的腹部位置温暖 10~20min，在冻僵的时间不长的情况下，一般可以救活。对没有吃上奶的弱仔，可用注射器（去掉针头）套一小节自行车气门芯，吸取牛奶和葡萄糖加维生素 C 滴喂 1~2 滴，对提高成活率效果很好。

（三）初生仔貉的代养

如在检查过程中发现母貉出现产后无奶、缺奶、母性差、产仔多或患有自咬症或有吃仔恶癖的现象时，可对仔貉采取代养。其方法是：在人工帮助的情况下，把母貉自己护理不了的全部或部分仔貉分出来，找其他乳母貉进行代养，这在生产上也是提高仔貉成活率的一项重要措施。选取母貉时要选取身体强壮的，有较强泌乳能力，而且可供吃奶的有效乳头多的。其次，母貉也正处于产仔泌乳期、产期与仔貉的出生日相近，最多不超过 2~3d 的差距，而且要求 1 胎产仔数在 8 个以下。代养母貉要选取性情温和、母性强的，能护仔、喂仔。

代养方法有 3 种，第一种是直接代养法，即把乳母貉关在小室外面，将被代养的仔貉用代养母貉小室内的尿草擦遍仔貉的全身，使之气味相同，就可以直接混到仔貉群中，当放母貉进入小室后，如果没有出现异常的表现，即表示代养成功。第二种是自衔法，把乳母貉关在小室内，把被代养的仔貉用乳母貉小室内的尿草擦一下后，将其放在小室门口，然后打开小室门，当母貉听到仔貉的叫声，自己走出小室将仔貉叼入窝内，即可视为仔貉已被乳母貉确认。第三种是拼窝法，即将两窝产仔期相同或相近、产仔数不多的仔貉拼成一窝，由一只母貉哺养，另一只母貉代养其他仔貉。

无论采取哪种方法，都要注意观察代养后的情况，经半小时后确认无问题再离开，间隔 3~4h 后再检查一次。如果仔貉被排斥、撕咬或送出小室，则说明代养失败，应重新择母貉代养。通常仔貉代养成功率是很高，尤其在夜晚时进行，成功率更大。对代养的仔貉要做好标记和记录，以免造成谱系的混乱。

（四）哺乳仔貉的补饲

母貉在仔兽出生后的前 15d，自身的泌乳量完全能够满足仔兽的生长需要。在 15d 左右时，母兽的泌乳能力达到自身泌乳量的最高峰。15d 以后，母兽的泌乳无论是数量上，还是质量上，均呈下降状态，而仔兽的生长速度是直线增长的。也就是说，仔貉在出生后的前15d，依靠采食母乳可以满足自身的生长需要。在 15d 以后，母乳提供的营养已经满足不了仔兽的生长需要，越往后出现的差距越大，在仔兽需要量大而母兽的泌乳又不能满足的情况下，由于此时仔貉还不能爬出产房进行采食，采食的饲料往往是由母貉叼入小室内的。但是有一些母貉并不会往小室内叼食或者叼入的饲料很少，造成仔貉出现吃不饱，常常因为互相争食出现打架的现象。为了不影响仔貉的生长发育，减少母貉的机体消耗，要注意给仔貉进行人工补饲。

选取优质、新鲜、易消化的肉、鱼、肝等，用绞肉机细细绞碎，加入少量的维生素 A （每只 300IU）、维生素 B$_1$（每只 1mg）、维生素 C （每只 5mg）和蛋黄（每 20 只仔貉平均 1 个），用适量牛、羊奶调匀，浓度调得稀一些放在一块薄板上。将母貉关入笼内，取出仔貉将其放在木板上，让其自由采食；或者采用优质的代乳料。吃饱后将仔貉嘴上的残食擦干净，然后放回小室内。这样几天后，即可将装有饲料的食盘放入笼内，仔貉便能自己爬出来采食，每天上午、下午各补饲一次，直到断乳分窝为止。

仔貉开始吃食以后，母貉便停止舔食仔貉的粪便，此时小室内容易潮湿或被粪尿弄脏，天气逐渐变热后，容易出现腐败污染貉舍和仔貉身体的现象，很容易引发肠胃炎等疾病。要及时清理垫草的污物，保持貉舍的清洁和卫生，以防传播和感染疾病。

不可让仔貉身上带有异味，否则会被母貉认为是别群可能会食仔。如发现仔貉进食不足一定要进行人工补饲，保证仔貉的正常生长发育。检查仔貉发现异常时一定要及时处理，发现母貉产仔数多但奶水不足时应进行代养。

在哺乳期一定要减少外界的刺激，严禁外人参观，禁止其他动物入内，保持安静，防止母貉因刺激发生动物母性丧失，导致泌乳停滞、弃仔、咬仔、食仔。加强饮水，定期清理笼舍和地面保持好卫生，饲喂所用的用具要及时消毒，及时对生病的貉进行治疗。

哺乳期对母兽的饲喂管理同样不可忽视，确保不要让母兽在哺乳期损失太多体重，或者总体体况损失较少，但是在哺乳后期突然大量损失。哺乳期损失的体重若在分窝后不能尽快恢复，将影响下一年的发情和窝产仔数。

四、育成前期营养需要量与饲养管理要点

仔貉断乳后称为幼貉，仔兽 60 日龄后至秋分的一段时间，一般是指 6 月下旬至 10 月初，仔兽体成熟的一段时间。要做好育成前期的饲养管理，首先要了解仔、幼貉的生长发育特点，该阶段时间跨度较长、体重体长变化较大，环境变化和对营养要求的变化将对仔貉产生深刻影响。因此，生长期饲养管理水平的高低对日后皮张长度的影响相当大，直接影响着效益的多寡。要根据其生长发育特点和一般规

律进行管理，促进其生长。

仔貉生长发育有一定的规律性，体重和体长的增长是同步的。体重和体长增长在 90~120 日龄最快，120~150 日龄后生长强度降低，150~180 日龄生长基本停止，已达体成熟。

在 2~5 月龄时貉迅速生长发育，是决定体型的重要时期。在这段时间内要饲喂营养充足的优质饲料，在日粮中适当添加动物性饲料，补充钙、磷、铁等矿物质和微量元素。蛋白质供给量一定要充足，否则会直接影响貉的体重和体长。

在幼貉育成前期的主要任务是：保证在数量上的成活率，尽量保持住分窝时的数量，保证在质量上的优质率，在该期结束时，要求达到该品种的标准体况和毛皮质量，获得张幅大、质量好的毛皮产品。还要培育出优良的种用幼貉，为继续扩大生产打下基础。

（一）育成前期的饲养

这段时期要提供给优质、全价、能量高的饲料，饲料中增加含碳水化合物多或脂肪较高的饲料，如日粮中以猪的边角料、鸡骨架、小杂鱼、鸡、鸭、鹅、牛的肝脏等饲喂。饲喂的饲料中，质量好的鱼粉、饼粕类饲料占6%，谷物饲料占55%，动物性饲料占38%，添加剂占1%，注意补充钙、磷等矿物质饲料，补充硫胺素、亚硒酸钠维生素 E 粉、微量元素等。日粮中蛋白质的供给量应保持在每只每天 40~50g，幼貉生长旺盛，蛋白质不足或营养不均衡，将会严重影响幼貉的生长发育。

幼貉育成期每天饲喂 3 次，即早、中、晚。幼貉出生后的 100~150d 之内，生长发育特别快，是骨骼、肌肉迅速生长的时期。尤其是断乳分窝后的 2 月龄左右，是决定体型大小的关键时期，应及时增加饲料量。每只幼貉每天日粮中的蛋白质必须保持在 45g 以上，以后随着生长速度的减缓，蛋白质供给量可逐渐减少，但每天每只仍不能低于 35g。如果蛋白质供给不足或营养不均衡，会直接影响幼貉将来的体长和身高。

在仔貉分窝的这个阶段是一个重要的过渡期，仔兽由母乳喂养转变为自己采食，需要有一个能很好地进行消化吸收固体饲料的过程，这个过程中仔兽的消化道中微生物和化学信号通路需要时间来调整和适应，如果不分窝，仔兽在机体出现一系列不适应症状后可以通过吸食母乳来稳定出现的这种状态。也就意味着人为将自然条件下不可能发生的转变强加到了仔兽的消化系统中，所以需要我们帮助仔兽缓解这个突然的变化，可以通过添加优质的容易消化吸收的保育料、代乳料进行逐渐的过渡，在饲喂 7~10d 后逐渐加入普通的该时期的饲料。

（二）育成前期的管理

① 给貉提供舒适的笼舍，幼貉笼底的网眼不能太大，特别是用铁条焊接的呈平行状的笼底，距离不能过宽。否则，幼貉不敢在上面行走或四条腿吊悬在笼底下，肚皮挨着笼底不能动。在这样的情况下幼貉吃的食物终日不能消化，就会出现因胀肚而死亡的现象。如果笼底网眼大或铁条距离宽，可在笼底铺上 3cm×3cm 的铁网以避免上述问题。

② 幼貉长到 6 月份时，正值炎热的夏季，此时容易出现中暑和食物中毒的现象，要注意保持貉笼通风良好，做好遮阳工作。中午炎热时应轰赶幼貉运动，保证充足清凉饮水，地面洒水，以防中暑。

③ 幼貉 2 个月龄时注射犬瘟热、病毒性肠炎、脑炎等疫苗防止各种传染病的发生，在疫病区或者养殖密度集中的区域，疫苗的注射时间应该提早进行，可在 40~45 日龄进行免疫。免疫的剂量可以适当加大或注射时采取使用增效剂、保护剂的方法。

④ 对全群幼貉进行驱虫工作。主要是内外驱（伊维菌素+阿苯达唑）、血虫（强力霉素）和滴虫（甲硝唑），与疫苗的注射时间最好间隔 7d 左右。

⑤ 定期清理笼舍，保持笼舍干净，做好消毒工作。选留种貉的工作在这段时期做好，选留种貉的条件是出生早、个头大、毛色好。其母貉应产仔 10 只以上，并且泌乳能力强，成活率高。母貉必须外生殖器发育正常、乳头多，公貉必须四肢粗壮，睾丸完整并发育正常。入选留种的幼貉公母分组饲养，做好标识，为第 2 次选种打下基础。第 1 次留优选种工作在断乳分窝时进行，第 2 次选种在 9 月左右进行。经过 2 次选拔确定下来的种用幼貉的饲养管理，可与原来种貉的准备配种期的饲养管理相同。在 12 月初取皮期还要进行精选。

⑥ 幼貉育成期是加强驯化的有利时期，在这段时期对幼貉坚持

从小驯化，循序渐进，可采取食物引诱、经常接近或爱抚等方法进行驯化。一般都可以看到显著的驯化效果。有的可驯化到随意抱起而不伤人的程度，有的还可像小狗一样跟随饲养人员行动，达到不远离主人的程度。驯化程度好的种貉，发情、配种、产仔因不怕人而顺利进行，对提高繁殖力有很大的好处。

五、育成后期（冬毛期）营养需要量与饲养管理要点

冬毛期一般是从 9 月末至 11 月末，是貉长冬毛沉积脂肪准备过冬的时期。这段时期主要是为了使貉子增膘增重，补充貉子繁殖所消耗的能量，为冬毛生长蓄积营养物质。这段时期的日粮供应应以吃饱为目的，过多会造成浪费，过少则不能满足需求。这时的幼貉大小接近于成貉，应及时进行分群选种的工作，在选种之后种用貉与皮用貉要分群饲养。

种用幼貉的饲养管理，与准备配种期成貉饲养管理相同，主要保持体形，适当地限制食量，保持正常的身体状况。

皮用貉除选种剩下的当年幼貉外，还包括一部分被淘汰的种貉。皮用貉主要是保证正常生命活动及毛绒生长成熟的营养需要。皮用貉的饲养标准可稍稍低于种用貉，以降低饲养成本。可多利用一些含脂率高的廉价动物性饲料，经过高温处理的痘猪肉等。这样有利于提高肥度，又可增加毛绒的光泽，提高毛皮质量。

（一）冬毛期饲养

这段时期主要是为了使貉子增膘增重，补充貉子繁殖所消耗的能量，为冬毛生长蓄积营养物质。日粮供应应以吃饱为目的，过多会造成浪费，过少则不能满足需求。貉冬毛期饲料中蛋白质、脂肪、碳水化合物可转化能量的比例分别为 22% ~ 28%、20% ~ 30%、45% ~ 60%。

冬毛期貉对蛋白水平的需求较育成期略有降低，但此时新陈代谢水平仍较高，为满足肌肉等生长，蛋白质水平仍呈正平衡状态，继续沉积。动物在这个时期，主要是被毛和皮张的生长，而被毛和皮张是身体最外围的系统和器官，只有提供质量优良的蛋白质和适宜被毛和皮张生长的蛋白质成分，才能使被毛和皮张的生长发挥出更好的生长

潜能。

生产中，很多的养殖户一味地继续采用高能量、高蛋白质的饲料饲喂毛皮动物，过高的蛋白质无法有效吸收和利用，一方面导致粪便中排出的蛋白成分增加，养殖场的臭味增浓；另一方面，由于蛋白质与其他营养成分（主要是指毛皮动物所必需的几十种微量成分）的比例不适宜，蛋白质通过肝脏转变成油脂（内脏和皮下的脂肪），加重了肝脏的负担（用脂肪和碳水化合物转变成油脂比用蛋白质转化成油脂对肝脏的损伤更小，也更经济），导致很多这个时期的生长速度过快，个体硕大的毛皮动物的眼睛发红、流泪、长眼屎，甚至突然死亡（这种情况还发生在配种前大量增加鸡蛋、鱼粉、海杂鱼、牛奶等蛋白性原料时期的个别大个的种公兽身上），然而一味地过分加大动物性饲料原料（如海杂鱼、各种肉、动物的下杂等），不仅增加了动物的肝脏负担甚至最终导致死亡，而且还造成饲养成本的增加。该阶段，更应该注重蛋白质的质量，即具有较高生物学价值的蛋白质，而不应该只注重蛋白质的数量。

在保证动物健康及毛皮生长良好的前提下，可以适当减少饲料中的蛋白质含量，但只有较高生物学价值的蛋白质饲料才可以满足动物对氨基酸的需要。由于饲料中氨基酸种类（少）、数量（不足）、比例的不科学（用猪鸡的饲料产品用于毛皮动物），很多毛皮动物出现换毛晚、换毛不彻底或不换毛，以及大量掉毛、掉绒、掉针、分毛、毛色不正，"灰底绒""黑锅底"等情况，这都与饲料中氨基酸的使用不科学有密切的关系。换句话说只有合理的氨基酸组成才使蛋白质具有较高的生物学价值，蛋白质合成的速度取决于可获得的氨基酸水平。

冬毛期貉对碳水化合物（玉米、土豆、红薯、高粱、小麦、大米等）饲料原料的数量应逐渐地增加，以提供丰富的能量来源。碳水化合物原料要求加工精细，不仅要求熟化，而且粉碎的细度越细越好。这个阶段，毛皮动物的身体主要是沿着身体的横轴线方向扩张（长粗）；而沿身体的纵轴线方向扩张（长长）的速度逐渐放缓。因此，此阶段饲养的目的，就是要让动物的体况长肥。碳水化合物虽是一种经济的能量原料，但是大量添加时需要饲料中其他成分具有很高的营养价值。

该阶段，对脂肪的需求量也相对较高，首先起到沉积体脂肪的作用，其次脂肪中的脂肪酸对增强毛绒灵活性和光泽度有很大的影响。饲料中脂肪的总含量是整个生产周期中最高的，才利于身体膘情和毛皮质量。脂肪类饲料（豆油、花生油、猪油、牛油、鸡油、各种油渣等）的质量一定要优质。特别是其中必需脂肪酸的种类和数量需要重点考虑。脂肪在添加过程中，以添加植物性脂肪为主，动物性脂肪为辅。

（二）冬毛期管理

这段时间温度较低，一定要做好小室的保温工作。及时添加垫草，这样不仅能减少貉本身热量的消耗，节省饲料，防止感冒，而且还能起到梳毛、加快毛绒脱落的作用。

在育成后期，皮用貉和种用貉分群饲养。种用幼貉应该进入准备配种期管理，应注意保持体形。主要加强营养，适当限制食量，保持正常体况。

皮用幼貉首先要注意保持皮毛卫生干净，固定好食槽，以免貉踩翻食槽污染毛皮，还要及时清扫粪便，搞好卫生，保持针毛根爽直，不发生被毛缠结。及时修理笼舍，防止粘染毛绒或锐利物损伤毛绒。饲料投喂量可比种貉多，饲喂的次数可以由原来的每天饲喂 3 次或 2 次，逐渐地减少到每天只喂 2 次或 1 次。特别是在取皮之前，气候异常寒冷时，有些个体很少进食（貉的半冬眠习性所致），生产中有 3d 吃一次的。需要一天喂 1 次还是 2 次，取决于饲养员对貉采食情况的判断，不同年龄段的饲喂方法也不同。原则是要保证长成大体型，以利取得大皮张。这段时间虽然貉的饮水量变少但是要供给充足。

貉的取皮时间在 11 月中旬至 12 月初（即大雪前后）。具体取皮时间取决于毛皮的成熟程度，为了及时掌握取皮时间，屠宰前应进行毛皮成熟度鉴定。主要考察以下几个指标。① 针毛、绒毛整齐、漂亮。② 毛绒丰满，针毛直立，被毛灵活有光泽，尾毛蓬松。③ 转动身体时，颈部和躯体部位的被毛出现一条条"裂缝"，当吹开被毛时，能见到粉红色或白色皮肤。④ 试宰剥皮，观察皮板，躯干变白，尾部皮板略发青。满足以上条件方可取皮，取皮过早或过晚都会影响毛皮质量，降低利用价值。

六、准备配种期营养需要量与饲养管理要点

准备配种期是每年的 11 月至翌年 1 月底，是貉生殖器官发育的时期。这段时期的主要任务是平衡营养，调整貉的身体状况，促进生殖器官的发育和生殖细胞的成熟。还要做好卫生防疫、防寒保暖、驯化运动及配种前的准备工作。

在这段时期种貉如果发生食欲下降，可以降低饲料供给量，并且降低饲料中脂肪所占的比例，增加低消化率的纤维素物质，保证种貉在配种前达到标准体况。种貉过胖或者过瘦都会影响到繁殖，过胖更是不可取，只有在适宜的体况下才能发挥出最好的繁殖能力。因此，在保证营养和确保健康的前提下要把体况调到最有利于繁殖的理想状态。可以通过调整饲料配比、控制饲料给量、合理调整垫草、增加活动量等方法来实现。

从外观上对体况的判断标准为，过肥体况：在逗引种貉直立时可发现其腹部明显下垂，下腹部积聚有大量脂肪，腿显得很短，行动缓慢。中等体况：身躯匀称，肌肉丰满，腹部不下垂，行动灵活。过瘦体况：四肢较长，腹部凹陷成沟，用手摸其背部可明显感觉到脊椎骨。可通过给食多少来调整体况，即肥胖的少给食、瘦弱的多给食，使全群达到标准体况。

（一）准备配种期饲养

该时期的貉冬毛生长发育基本结束，饲养的着眼点是促进生殖细胞生长发育。体质健壮、发育好的母貉，进入 1 月中下旬就可以进行配种。日粮组成力求多样化，动物性饲料不要低于 20%~35%，要充分满足蛋白质、矿物质、维生素的营养需要量。有条件时每日每只貉要喂给动物脑、肝 20~30g。进入 1 月，要坚持喂胡萝卜、麦芽 20g，每隔 2~3d 喂一些大葱、大蒜、韭菜、蒜苗等刺激性饲料，可提高公貉性欲，促进母貉发情。每天每只貉喂 400~500g（干物质 100~125g），12 月份每天喂 1 次，1 月改喂 2 次，早饲占日粮的 40%，晚饲占 60%。每天每只貉喂酵母 5~8g，同时要添加维生素和微量元素添加剂预混料。

（二）准备配种前期管理

① 将种貉的身体调整到标准体况，种貉体况过肥或过瘦都会对繁殖造成不利影响，最好的标准体况为适中体况，即被毛均匀、平顺光亮，肌肉丰满，腹部圆平，行动灵活。用手摸脊背和肋骨时，既不挡手，又可触摸到脊柱骨和肋骨。母貉膘度应保持中等水平，公貉膘度保持在中上水平。体况过肥要减少富含脂肪和碳水化合物饲粮的供给，增加运动量，每天喂食时可先喂瘦貉，过一段时间再喂肥貉。由于食欲的刺激自然会加强运动，或者用适口性好的饲料，在笼前引诱其运动，也可通过寒冷刺激降膘，在小室内不放垫草，或者昼夜关在运动场活动。对于偏瘦的貉要增加富含脂肪和碳水化合物饲料的供给。加强小室保温，添加柔软垫草。

② 注意做好防寒保暖工作，保证小室内干燥温暖，投喂温热食物，满足供水需求。为减少貉抵御寒冷而消耗营养物质，必须注意保温，堵住小室的孔隙。投喂饲料时，注意温度，使貉可以吃到温热的食物，提供充足饮水。

③ 搞好卫生防疫工作，保持小室干燥清洁，要保持好地面、笼舍卫生，经常打扫笼舍和小室，用具要经常洗刷，并定期消毒。笼舍每 7~10d 用百毒杀等消毒液消毒 1 次，15~20d 用火焰喷灯消毒笼舍、小室等，可以有效避免寄生虫及有害微生物危及种群健康。

④ 为促进种兽发情，特别是当年的留种貉，在种兽棚舍的选择上应精心选择，保证充足的光照，必要时可采取人工辅助光照，建议光照强度350lx，可以使用测光仪来检测，具体补光的时间需要有待验证。

⑤ 防疫是效果最好、最经济的防疫灭病方法。种貉要在每年的元旦前后接种病毒性肠炎、犬瘟热疫苗和脑炎疫苗。配种之前需要做好驱虫、消炎工作。

⑥ 加强对貉的驯化和运动，加强貉对外界的适应性，让貉熟悉周边环境声音、各种色彩、气味等，避免貉产仔时听到异常声音，看到不同色彩时导致惊恐，引起自食仔貉。

⑦ 增强种貉的繁殖力和精子的活力。加强驯化，用各种方法驱赶或吸引貉在笼中运动。

⑧ 编制配种计划和方案，准备好配种所用的各种用具，对配种人员进行培训工作。

⑨ 配种期就绪后应将饲料和管理正式转入配种期的饲养和管理上，注意留意母貉的发情鉴定工作，要做好配种记录，使发情的母貉及时交配。

第五章 珍贵毛皮动物典型饲料配方

毛皮动物最主要的经济性状是毛皮品质，必须在一定的环境条件、合理的饲料配方、周密的饲养管理共同协作下才能生产出优质的毛皮。因此，毛皮动物的饲料配方是在生产环节中的重要一环，我们不仅要了解毛皮动物对不同饲料原料的营养物质消化率，还要掌握珍贵毛皮动物在不同生物学时期的营养需要量，合理搭配饲料配方，满足毛皮动物生产过程的营养物质需求。不同品种、不同地区的毛皮动物，由于饲养环境和饲料原料的不同，饲料配方在营养素设计时也存在差异。

第一节 水貂典型饲料配方

水貂由于其特殊的消化特点，肠道排空速度快，在毛皮动物中对蛋白质的需求最高。水貂对动物性蛋白质的需要非常重要，是物质代谢中不可代替的物质，确定蛋白质的合理需要具有特殊的意义，对脂肪和碳水化合物也是如此。蛋白质和脂肪除数量外，其质量即所含有的必需氨基酸和必需脂肪酸也很重要。水貂通常需要各种矿物质以维持其生理活动，即使处于理想温度状态下，机体对矿物质的消耗依然不会减少。当矿物质出现负平衡时，水貂对营养物质利用率明显降低，需要额外补充矿物元素。但过量的微量元素也会给水貂带来不利影响，长期过高的剂量会在体内蓄积发生中毒。有关维生素对于毛皮动物的重要性，早已在科学试验和饲养实践中证实，水貂需要从饲料中获得 B 族维生素等绝大多数维生素，通常自身不能合成或不能满足自身需要，对于日粮中维生素供给量不足或缺乏反应极为敏感。因此，我们在常用的水貂饲料配方中，给出的是商家提供的预混料，而不再推荐使用矿物质和维生素单体。水貂需要的各种营养物质之间具有错综复杂的关系。各种营养物质的合理比例和构成，将有助于提高饲养生产效益。

一、标准貂典型饲料配方

在山东、河北一带饲养的标准貂较多，但标准貂的品种特征均出现了一些退化。我们在筛选标准貂饲料配方时，选择的是皮毛品质较好的标准貂。在参考饲料表 5-1 的饲料配方时，可参照当地的饲料资源适当进行替换原料，以增加饲料配方的可行性，同时降低饲料长途运输带来的养殖成本增加。

表 5-1　标准貂不同饲养时期的经典饲料配方　　　（%）

饲料原料	配种期	妊娠期	哺乳期	育成期	育成后期	冬毛期
鲽鱼排	10	8	8	10	15	10
鳕鱼排	15	12	12	15	15	15
黄花鱼	7	10	7.5	5	5	3
海杂鱼	12	12	15	8	5	5
马掌丁	5	7	5	5	5	5
鸡肝	15	15	17	16	14	16
鸡骨架	10	10	10	10	10	15
鸭骨架	8	10	8	12	12	12
豆粕	4	4	4	4	4	4
血粉	2	2	1.5	2	2	2
膨化小麦粉	7.7	5.7	7.1	7.6	7.1	7.1
膨化玉米粉	3	3	3	3	3	3
豆油			0.5	1	1.5	1.5
预混料	1	1	1	1	1	1
食盐	0.1	0.1	0.2	0.2	0.2	0.2
醋酸	0.2	0.2	0.2	0.2	0.2	0.2
合计	100	100	100	100	100	100

二、引进彩色水貂典型饲料配方

近年来，彩色水貂的皮张售价显著高于标准水貂皮，促使了国内彩色水貂饲养量快速增长。从丹麦引进的彩色水貂品种与国内传统饲养品种有较大区别。针对引进彩色水貂生长发育规律，筛选出了年周期饲料配方，详见表5-2和表5-3。

表5-2 引进彩色水貂 1 月 8 日至 6 月 18 日经典饲料配方 （%）

原料＼日期	1.8—1.17	1.18—2.4	2.5—2.26	2.27—3.4	3.5—3.20	3.21—5.18	5.19—6.3	6.4—6.10	6.11—6.18
鲽鱼排	12	13	10	10	10	10	13	13	15
鳕鱼排	12	13	10	10	12	15	13	13	15
黄花鱼	5	10	5	5	8	8	5	5	—
海杂鱼	8	7	10	10	7	7	12	8	10
青鱼	5	4	7	7	7	5	7	7	7
鸡骨架	12.8	10	14	14	12	10	10	12.2	14
鸭架	12	10	10	10	10.3	13.8	10	12	10.2
鸡肝	14	15	15	14	12	15	12	12	12
豆油	1	1	1	1	0.5	0.5	0.5	0.5	0.5
小麦粉	8	6.8	6.8	7.8	6	6	7	7	7
膨化大豆粉	3	3	4	4	3	3	3.3	4	3
血粉	2	2	2	2	2	1.5	2	2	2
小麦胚芽粕	4	4	4	4	4	4	4	3	3
醋酸	0.2	0.2	0.2	0.2	0.2	0.2	0.2	0.3	0.3
预混料	1	1	1	1	1	1	1	1	1
合计	100	100	100	100	100	100	100	100	100

表5-3 引进彩色水貂6月19日至翌年1月7日经典饲料配方

（%）

日期\原料	6.19—6.23	6.24—6.28	6.29—7.8	7.9—8.5	8.6—8.13	8.14—9.3	9.4—9.20	9.21—10.16	10.17—1.7
鲽鱼排	15	15	16	14	12	10	9	9	9
鳕鱼排	15	15	16	14	12	10	9	9	9
海杂鱼	10	10	10	6	6	7	5	8	5
青鱼	7	5	4	5	5	5	6.2	5	5
鸡骨架	14	14	12	15	16	16	16	14.2	14
鸭架	10.7	10.2	13.7	11.7	13	13	13	13	14
鸡肝	12	14	12	16	16	16	16	16	16
豆油	1	1	1	1	1	2	1.5	1.5	2
小麦粉	8	8.5	8	10	11.7	13.7	14	14	14.8
膨化大豆粉	4	4	4	4	4	4	4	4	4
血粉	2	2	2	2	2	2	2	2	2
小麦胚芽粕	—	—	—	—	—	—	3	3	4
醋酸	0.3	0.3	0.3	0.3	0.3	0.3	0.3	0.3	0.2
预混料	1	1	1	1	1	1	1	1	1
合计	100	100	100	100	100	100	100	100	100

第二节 蓝狐典型饲料配方

蓝狐在我国北方大部分地区均有养殖，尤其是在我国辽宁、吉林和黑龙江的蓝狐皮品质较好。我国不断从芬兰引进芬兰狐原种，并对已往养殖的蓝狐进行杂交改良，一般经过3个世代以上，狐的外貌特征接近芬兰狐，生长速度、体型、毛皮品质均有显著提高。在饲料配方营养搭配上，相对要更加科学，满足蓝狐的快速生长发育需要。因此，通过系统试验研究筛选了蓝狐不同生物学时期的干粉料饲粮配方和鲜饲料饲粮配方。

一、不同生理学时期蓝狐典型干粉饲料配方

在配制蓝狐饲料配方时，可选择常用的植物性饲料原料和动物性饲料，一是保证饲料原料充足，二是采购价格相对稳定，避免频繁更换饲料原料引起蓝狐厌食和应激。根据近几年试验数据以及不同养殖场和饲料厂家调研的数据，给出了育成期蓝狐饲料配方（表5-4）和繁殖期蓝狐饲料配方（表5-5），以便于指导养殖户能够自行配制饲料，提高蓝狐养殖收益。

表5-4　育成期蓝狐饲料配方及营养水平（风干基础%）

原料	育成前期	育成后期（冬毛期）
膨化玉米	28.20	37.20
豆粕	16.50	16.20
羽毛粉	0.50	0.50
肉骨粉	6.80	9.00
玉米蛋白粉	8.50	5.30
玉米胚芽粕	15.00	9.00
赖氨酸	0.30	0.50
蛋氨酸	0.20	0.30
鱼粉	16.00	12.00
食盐	0.50	0.50
豆油	6.50	8.50
预混料	1.00	1.00
合计	100.00	100.00
营养水平		
代谢能（MJ/kg）	14.11	14.53
粗蛋白质	32.14	28.07
钙	1.56	1.65
总磷	1.12	1.07
赖氨酸	1.61	1.66
蛋氨酸+半胱氨酸	1.19	1.15

表 5-5　繁殖期蓝狐饲料配方及营养水平（风干基础%）

原料	准备配种期	妊娠期	哺乳期
膨化玉米	36.44	32.10	22.41
豆粕	9.00	12.00	15.55
玉米蛋白粉	10.00	13.50	17.20
玉米胚芽粕	12.50	8.00	8.00
血粉	0.60	0.60	0.60
肉骨粉	6.00	5.50	4.40
乳酪粉	1.00	0.50	0.90
鱼粉	16.80	21.05	24.15
豆油	4.30	4.15	4.83
食盐	0.30	0.30	0.30
赖氨酸	0.88	0.60	0.22
蛋氨酸	0.78	0.60	0.44
磷酸氢钙	0.40	0.10	—
预混料	1.00	1.00	1.00
合计	100	100	100
营养水平			
代谢能（MJ/kg）	13.35	13.47	13.46
粗蛋白质	30.43	35.10	39.84
钙	1.60	1.60	1.51
总磷	1.14	1.09	1.05
赖氨酸	2.48	2.47	2.35
蛋氨酸+半胱氨酸	1.74	1.74	1.75

二、不同生理学时期蓝狐典型鲜料配方

一些养殖户饲养规模较大，在核算饲料成本时，认为自配鲜饲料的成本更低，饲料营养更全面，会选择从饲料厂家购买基础料，然后再添加 70%～80% 的动物性饲料饲喂蓝狐。还有一些饲养芬兰原种狐

或高代改良狐的养殖户，为了使成年蓝狐体重能够达到 17.5kg 以上，参照芬兰的饲养模式，整个饲养过程中均饲喂冷鲜饲料。冷鲜饲料中，动物内脏的风险相对较高，比如鸡肠子，尽管价格便宜，但是生喂由于细菌超标容易引起腹泻，可通过蒸煮或发酵的方式进行处理后再饲喂蓝狐。根据不同地区养殖情况，筛选了部分地区饲养效果较好的饲料配方推荐给大家（表 5-6），可结合当地的饲料原料和市场供应的动物性饲料价格进行调整。一般鲜饲料配方中（表 5-7），动物性饲料的比例高于干粉性饲料，选用鲜饲料或干粉料，多取决于养殖户的饲养习惯。在实际养殖过程中，饲粮营养搭配合理，饲养管理得当，两种类型饲粮饲喂的蓝狐，在生产性能上并没有表现出明显差异，两种类型饲粮在蓝狐养殖场中基本各占一半比例。

表 5-6　蓝狐繁殖期鲜料配方　　　　　（风干基础%）

河北		天津		吉林	
饲料原料	用量	饲料原料	用量	饲料原料	用量
玉米	15	玉米	17.5	玉米	41.4
血粉	2	豆粕	5	鸡腺胃	8
蔬菜	17	麸皮	2	海杂鱼	15
全脂奶粉	1.5	鱼粉	5	小红鱼	16
进口鱼粉	12	鸡肉	45	鸡肝	6
肉骨粉	5	海杂鱼	20	鸡骨架	12
毛鸡	18	鸡蛋	5	赖氨酸	0.3
鸭肝	10	添加剂	0.5	蛋氨酸	0.3
鸭架	14			添加剂	1
鸡肺	5				
添加剂	0.5				
合计	100		100		100

表 5-7 蓝狐鲜料推荐配方 （风干基础%）

饲料原料	仔狐补饲期	育成前期	冬毛生长期	繁殖期	泌乳期
膨化玉米	31	40	45	35	30
鲜杂鱼	27	20	15	30	40
鸡或鸭骨架	0	15	10	24	25
鸡肠或鸡头	0	20	24	0	0
奶粉	25	0	0	0	0
鸡蛋	6	0	0	6	0
鸭肝	10	0	0	0	0
预混料	1	4	4	4	4
油	0	1	2	1	1
合计	100	100	100	100	100

第三节 貉典型饲料配方

我国貉子养殖主要集中在河北地区，养殖密集区域主要在秦皇岛市昌黎县，规模大小不等，目前饲养的主要品种为乌苏里貉和吉林白貉。白貉从 2016 年以来一直受皮草商青睐，在同等毛皮品质中，白貉皮价格最高。貉子属于杂食动物，对植物性饲料利用率较高，且在生长发育过程中，对饲粮营养水平要求不高，所以现在干粉料在貉子养殖中占绝大比例。为了饲喂更加方便，一些厂家把干粉饲料加工成颗粒料，饲养实践证明养殖效果好，无论在繁殖率、生产性能等方面均较理想。因此，根据昌黎地区的饲料特点，筛选出典型的饲粮配方（表 5-8），供大家参考。

表 5-8　貉干粉配合饲料推荐配方　（风干基础%）

原料名称	维持期[2]	育成前期	育成后期 （冬毛期）	繁殖期[3]	哺乳期
膨化玉米	42.7	41	42.6	41.9	40.8
大豆粕	14	15.5	14	16	14
膨化大豆	2.5	5	7.5	5	5
玉米胚芽粕	12.5	10	10	8	9
DDGS	14	10	8	10.5	10
蒸汽鱼粉	–	2	2	2.5	5
肉骨粉	4	4	3	4	3.5
鸡肉粉	2.5	2.5	2.5	2.5	2
血球蛋白粉	1	1.5	1.5	2	2
葡萄糖	1	1	1	1.5	2
磷酸氢钙	0.5	0.7	0.6	0.6	0.6
食盐	0.3	0.5	0.5	0.4	0.4
豆油或鸡油	2.5	3.5	4	2.5	3
2%预混料[1]	2	2	2	2	2
蛋氨酸	0.2	0.28	0.32	0.2	0.24
赖氨酸	0.3	0.52	0.48	0.4	0.46
总计	100	100	100	100	100

注：1. 2%预混料主要包含复合维生素、酶制剂、矿物质元素、益生素、脱霉剂等；

2. 维持期包括准备配种期和配种前期；

3. 繁殖期包括配种后期和妊娠期。

第六章　饲料配制技术及常用饲料营养价值评定

第一节　珍贵毛皮动物饲料的分类

珍贵毛皮动物的配合饲料是以动物不同生长阶段、生产要求、生产用途的营养需要以及饲料原料的营养价值作为基础，把不同来源的饲料原料，按一定比例均匀混合，并按照规定的工艺流程生产的饲料。

一、按营养成分分类

（一）全价配合饲料

简称全价饲料，又称完全配合饲料，该饲料能满足珍贵毛皮动物所需要的全部营养物质，包括蛋白质、能量、脂肪、维生素、矿物质元素和微量元素等，可直接饲喂毛皮动物，不需要再添加其他单体饲料。

（二）添加剂预混料

添加剂预混料指用一种或多种微量的添加剂原料，与载体及稀释剂一起搅拌均匀的混合物。预混料便于将微量饲料原料均匀混合在大量的配合饲料中，是配合饲料的核心，可供配合饲料厂、大型养殖场生产全价配合饲料使用，也可单独出售，但不能直接用于饲喂珍贵毛皮动物。

二、按饲喂对象不同分类

每种珍贵毛皮动物根据生长阶段、不同生理时期及生产目的不同，可具体划分为不同生理阶段使用的配合饲料。例如：育成期水貂配合饲料、冬毛期蓝狐配合饲料、貂繁殖期配合饲料等。

三、按形状形态分类

（一）鲜料

首先将能够作为珍贵毛皮动物饲料原料的各种新鲜动物源性饲料（如海鱼、畜禽下脚料等）、瓜果蔬菜和熟制的植物源性饲料充分粉碎混匀，再按照珍贵毛皮动物营养需要量标准添加预混料后搅拌均匀而成。

（二）粉料

一般是先将各种原料磨成粉状后根据珍贵毛皮动物营养需要量标准的要求添加预混料后混拌均匀而成。粉料不易腐败变质，但易造成浪费，且不能充分利用新鲜动物性饲料或青饲料等。

（三）颗粒饲料

为避免动物挑食，饲喂方便，减少粉状饲料在运输、饲喂时的浪费，缩小饲料体积和便于保管等，多将粉料加蒸汽调制成颗粒饲料。颗粒饲料主要饲喂狐和貉，在水貂饲养中应用相对较少。

第二节　饲料配制技术

珍贵毛皮动物饲料配制技术即通过加工有利于提高日粮品质和机体对饲料的消化利用，从而保证动物的健康生长发育和进行生产活动。珍贵毛皮动物饲料原料种类很多，质量和营养消化率存在很大差异。因此，每种原料的利用方法和加工方式都不同。饲料加工和调制是否得当，直接影响到水貂、狐、貉的食欲和生产性能。

一、配合饲料的配制技术

（一）水貂、蓝狐、貉饲料的加工方法

1. 鱼类、肉类饲料

鲜的海鱼、海杂鱼和健康动物的肉、肝脏、胃、肾脏、心脏以及鲜血等，新鲜的可以洗净后直接用于饲料加工，经过冷冻的要彻底缓

冻，脂肪易变质，应去掉大的脂肪块，洗去杂质或泥土粉碎后生喂。

如鱼和肉类饲料品质较差，但还可以饲喂时，首先要用清水充分洗涤，然后用0.05%的高锰酸钾溶液浸泡5~10min，再用清水洗涤一遍，才可以粉碎后加工饲喂给珍贵毛皮动物。腐败变质的鱼或者肉类饲料，绝对不能饲喂毛皮动物。

淡水鱼类、轻微变质的鱼类，需要熟制后才能饲喂给珍贵毛皮动物。熟制的目的是杀死病原微生物及破坏对动物有害的物质。淡水鱼熟制是为了破坏其硫胺素酶和杀死寄生虫，因此，熟制时间不必过久，达到破坏硫胺素酶和杀死寄生虫的目的即可。为了减少高温对饲料中营养素的损坏，应尽量采取蒸的方法，蒸汽高压或短时间的开水煮。用普通的锅蒸淡水鱼，要经过2h，硫胺素酶才可以完全被破坏。死亡的动物尸体，经检疫废弃的肉类、痘猪肉等最好用高压蒸煮处理，消毒的同时又可以去掉部分氧化的脂肪。

自然晒晾的干鱼，在晒晾前为了防止腐败一般都会加盐。饲喂干鱼前必须用清水充分地浸泡和洗涤。冬季每天换水2次，夏天换水3~4次，冬季经2~3d，夏天经过1d或稍微长一点时间，就可以浸泡彻底。没加盐的干鱼，浸泡12h就可以达到软化的目的，浸泡后的干鱼可以经过粉碎处理，然后与其他饲料混合调制后生喂给珍贵毛皮动物。咸鱼在使用前要切成小块，用水泡1~1.5d，换水3~4次，当盐分彻底浸出后才可以进行加工调制。

质量好的干粉饲料（鱼粉、肉骨粉等），经过2~3次换水浸泡3~4h，去掉多余的盐分，即可以与其他饲料混合调制生喂给珍贵毛皮动物。对于难消化的蚕蛹粉，可以与谷物饲料混合蒸煮后饲喂。品质较差的干鱼、干动物性饲料，除充分浸泡、洗涤外，还需要蒸煮处理。

高温干燥的肝渣、血粉等，除了浸泡加工外，还需要蒸煮以达到充分软化的目的，这样能够提高消化率。皮肤表面带有大量黏液的鱼，应按照2.5%的比例加盐搅拌，或者用热水洗涤，除去黏液，味苦的鱼，除去内脏然后蒸煮熟喂。这样既可以提高适口性，又可预防动物患肠胃炎。

2. 蛋类和乳类饲料

牛乳或羊乳,饲喂前需要经消毒处理,一般用锅加热至 70～80℃,保持 15min 冷却后待用。装乳的容器要用热碱水刷洗干净,腐败变质的乳类,患有乳房炎的动物产生的乳不能用来饲喂珍贵毛皮动物。下架奶粉,要确保乳粉没有腐败变质,并且来源可靠,加水调制后可直接饲喂动物。炼乳按 1:3 加水调制,乳粉按照 1:7 加水调制,然后加入到毛皮动物的混合饲料中,搅拌均匀后饲喂。

蛋类饲料需熟喂,可以直接蒸煮带皮粉碎,也可以去皮粉碎,或去皮后直接蒸熟再粉碎,与其他饲料原料混匀饲喂。熟制的蛋类能预防生物素(维生素 H)被破坏,还可以避免副伤寒菌类的传播。淘汰蛋鸡副产品中如果含有未发育完全的蛋及卵巢等组织,也应熟喂,且不能作为繁殖期珍贵毛皮动物的饲料原料,因为其中的卵巢等性腺中含有性激素,会扰乱珍贵毛皮动物的性器官发育周期,从而影响繁殖性能。

3. 植物性饲料

(1) 谷物饲料　谷物饲料一般要粉碎制成粉状,采用高温膨化技术将其熟制,膨化后等温度降下来,再粉碎成粉状,饲喂前先用一定比例的水浸泡,再与其他饲料混匀制备全价饲料。谷物饲料还可以在粉碎后制成窝头或煮成粥状,加工方式可根据养殖场的大小灵活掌握。目前由于膨化谷物饲料,具有便于贮存、使用方便、消化率高等诸多优点,在养殖场中应用较广泛。

(2) 大豆制品　目前商品原料主要有豆粕、豆饼、膨化大豆等,豆类商品原料可直接粉碎用于珍贵毛皮动物的加工。小的养殖场大豆可制成豆浆或豆汁,其方法是将大豆浸泡 10～12h,然后将泡好的豆粉碎煮熟,将粉渣类用粗布口袋过滤掉即为豆汁或豆浆,如果不过滤也可以全部饲喂。也可以直接将大豆粉碎,加水煮熟后直接用于珍贵毛皮动物。

(3) 果蔬类饲料　果蔬类饲料首先应去掉泥土,然后将腐烂部分去除,清洗干净,剁碎或者绞碎后和其他饲料一起调制珍贵毛皮动物饲料。一般果实类果蔬,如西红柿、角瓜、水果等和叶菜类搭配饲喂效果比较好。

饲喂果蔬类饲料的养殖场，严格禁止把大量叶菜堆积在一起或长时间浸泡，因为这样易产生亚硝酸盐，珍贵毛皮动物采食后易引起中毒。叶菜在水中浸泡的时间应不超过 4h，洗干净的叶类饲料不应和热饲料放在一起。冬季可以将白菜、胡萝卜等饲料贮存在地窖中，饲喂前去掉腐烂部分，也可以使用质量较好的冻菜。

4. 矿物质饲料

矿物质饲料一般是以预混料的形式混匀在饲料中饲喂珍贵毛皮动物，单独添加时，骨粉或骨灰可按量直接加入饲料，但不能与 B 族维生素、维生素 C 及酵母混合在一起饲喂，否则有效成分将受到破坏。自配料中如果海鱼用量少，补充食盐时，可按一定比例制成盐水，一般 1：(5~10)，直接加入饲料中，搅拌均匀后饲喂，也可以将食盐水拌在谷物饲料中饲喂。

5. 维生素饲料

水溶性维生素，先溶于 40℃ 以下的温水中，然后再均匀地拌入饲料中。鱼肝油和维生素 E 油，浓度高时，可用豆油稀释后加入到饲料中。

6. 酵母

常用的有饲料酵母、面包酵母、啤酒酵母和药物酵母。饲料酵母和药物酵母是经过高温处理的，酵母菌已被杀死，可直接加入混合饲料中饲喂。而啤酒酵母和面包酵母是活菌的，饲喂前需要加热杀死酵母菌。方法是将酵母先放到冷水中搅拌均匀，然后加热到 70~80℃，保持 15min 即可，少量的酵母也可以采用沸水杀死酵母菌的方法。如果酵母菌没有被杀死或没有完全被杀死，会引起饲料发酵，使珍贵毛皮动物发生胃肠臌胀。但是加热的温度不应过高，时间也不能过长，以免破坏酵母中的维生素。酵母如果受潮或发霉变质，不能用来饲喂珍贵毛皮动物。

7. 植物油

含有大量的维生素 E，贮存时应放在非金属容器中，低温保存，否则保存时间长容易氧化酸败。如果已经氧化酸败的植物油是不能用来饲喂珍贵毛皮动物的。如果采用棉籽油，应特别注意游离棉酚不能超标。

（二）水貂、蓝狐、貉饲料的调制方法

在配制水貂、蓝狐和貉饲料时，首先按照饲料单将各种饲料原料准备好，然后进行绞碎和混合调制。鲜饲料的调制方法是先把准备好的各种饲料，如鱼类、肉类、肉类副产品及其他动物性饲料、谷物制品、蔬菜等，分别用绞肉机粉碎。如果兽群小，饲料量不大，可以将各种饲料混合在一起绞碎。然后加含有矿物质元素、氨基酸、维生素等的预混料，并充分搅拌，如果繁殖期需要加牛乳豆浆等，应在搅拌好的饲料中加入，加入后继续搅拌均匀。调至均匀的混合饲料，应迅速分派各群饲喂动物。干粉饲料的调制方法是夏季采用常温纯净饮水按照 2.5：1 的比例与干粉饲料混合调制，水不宜过多，过多会使珍贵毛皮动物干物质采食量降低，过多进入胃中的水分对消化系统的消化酶具有稀释作用，不利于动物对饲料中营养物质的消化吸收，因此水分与干粉饲料的调制比例要适宜。颗粒饲料可以添加到颗粒饲料喂食器中，直接饲喂珍贵毛皮动物。

珍贵毛皮动物饲料在调制过程中，需要注意以下几点。

① 严格执行饲料单规定的品种和数量，不能随便改动。饲料的突然变更，会引起动物的应激反应，从而影响生产性能。

② 饲喂珍贵毛皮动物的饲料必须按时调制混合饲料，不得随便提前，应最大限度地避免多种饲料混合而引起营养物质的破坏或损失。

③ 饲料调制过程中，为防止饲料腐败变质，严禁温差大的饲料相互配合，特别是夏季天气比较热，更应该注意。

④ 在调制珍贵毛皮动物饲料的过程中，水的添加量要适当，先添加少许视其稠度逐渐增添，以防加水过多，造成剩食和饲料浪费。

⑤ 饲料调制后，调制饲料用的机器、用具要进行彻底洗刷，夏天要经常消毒，以防止病原微生物的入侵造成疾病的发生。

⑥ 饲料调制的量一定要根据珍贵毛皮动物不同生长阶段确定好，如育成期随着毛皮动物日龄的增加应逐渐增加饲料供给量，冬毛期后期，貉子进入半休眠状态，可以适当提高饲料营养水平，减少饲料供给量等。

（三）水貂、蓝狐、貉配合饲料配制的依据

水貂、蓝狐为肉食性动物，其消化器官的解剖结构和生理特点与肉食性相适应。水貂与草食性的家兔比较，犬齿非常发达，消化道短，胃容积小，盲肠基本退化完全，食物通过消化道的速度非常快，基本几个小时就可以排出。因此，对动物性饲料消化能力强，对纤维素多的植物性饲料消化能力弱，这就决定了水貂日粮的组成，要以动物性饲料为主。

珍贵毛皮动物水貂、蓝狐和貉在不同生物学时期，由于生产目的不同，对饲料中营养物质和热量的需求也是不同的。如在繁殖期需要较多的蛋白质，而对脂肪的需求相对较低，主要是胎儿的生长发育需要，脂肪太高容易造成难产等。在冬毛期，需要的脂肪相对较高，一方面冬毛期大部分时间是寒冷的冬季，动物维持需要所需的能量较高，另一方面沉积体脂肪增加皮张尺度，并且油脂对毛皮的亮度具有重要的影响。因此，在制定毛皮动物饲粮配方时，要根据不同时期的营养需要、食欲状况、当地饲料条件等各种情况，尽量达到饲养标准的要求。不同毛皮动物和不同饲养时期的饲养标准是制定日粮配方的主要依据。

在配制日粮的时候，还要考虑各种饲料的理化特性。不同种类的饲料有不同的酸碱反应。一般肉、鱼类饲料呈酸性，谷物饲料原为碱性，被机体吸收后呈弱酸性；蔬菜类和骨粉呈碱性，乳类和血呈弱碱性。掌握各种饲料酸碱特性，对日粮配合和动物体的生理代谢具有重要意义。

总之，在配制毛皮动物饲粮的时候，一定要全面考虑动物各饲养时期的生理特点和营养需要，按照饲养标准、结合当地饲料资源以及动物的体况等，制定出切实可行的饲粮配方，以达到高产、优质、低成本的目的，使珍贵毛皮动物发挥出最佳生产性能。

（四）水貂、蓝狐、貉饲料配制的拟定方法

1. 热量配比拟定方法

热量配比拟定的日粮，是以珍贵毛皮动物水貂、蓝狐、貉所需要代谢能或总能为依据，搭配的饲料以发热量为计算单位，混合饲料所

组成的日粮其能量和能量构成达到规定的饲养标准；对没有热量价值的饲料或者是一些热量价值比较低的饲料（如添加剂和维生素饲料、微量元素和无机盐类饲料、水等）可忽略不计其热量，以千克体重或者日粮所需计算。

为满足珍贵毛皮动物可消耗蛋白质的需要，要核算蛋白质的数量，经调整使蛋白质含量满足要求。必要时应该计算脂肪和碳水化合物的含量，使之与蛋白质形成适宜的氮能比。为了掌握蛋白质的全价性，对限制性氨基酸的含量也应该调整。具体计算时，可先算出 1 份代谢能即 418.68kJ（100kcal）中各种饲料的相应重量，再按照总代谢能（或总能）的份数求出每只毛皮动物每日各种饲料的供给量，并且核算可消化营养物质是否符合毛皮动物该生产时期的营养需要；最后算出全群动物对各种饲料的需求量及其早、晚饲喂分配量，提出加工调制要求，供毛皮动物饲料室遵照执行。

2. 重量配比拟定方法

根据毛皮动物所处饲养时期和营养需要，先确定 1 只动物 1d 内需要提供的混合饲料总量。

结合本养殖场饲料原料种类，确定各种饲料所占重量百分比及其具体的数量；核算可消化蛋白质的含量，必要时也应该核算脂肪和碳水化合物的含量以及热量，使日粮满足营养需要的要求。最后提出全群动物的各种饲料需要量及早、晚饲喂分配量，提出加工调制要求。

（五）水貂、蓝狐、貉饲料加工与调制规则

1. 饲料加工的准备程序

饲料加工前应该严格检查饲料加工用品、器械的卫生和安全性能，遇到有异常情况及时维修处理；严格检查各种原料的质量，剔除个别质量不合格的饲料原料，当遇到有多量或多种饲料原料质量有问题的时候，应该及时请示主管技术人员或者养殖场的领导来处理，不能盲目地进行饲料的加工调制；严格按照饲料单所规定的数量检斤过秤准备各种饲料原料。

2. 饲料加工程序

毛皮动物饲料应生喂、熟喂两类饲料分别加工，为调制做好准备；生喂饲料冷冻的事先应该先缓化，充分洗涤干净，挑拣出饲料中

的杂质，特别是铁丝、铁钉等金属废品，以防损坏绞肉机；洗净和经挑选的生喂饲料，置容器中摊开放置备用，严禁在容器内堆积存放以防腐败变质；熟喂的饲料按照规程要求进行熟制加工，无论采取何种熟制的方法（膨化、蒸、煮、炒等）必须达到熟制彻底。熟制方法以膨化效果最佳，其次是蒸、煮，炒的效果不太好；熟制后的热饲料要及时摊开散热，严禁堆积闷热存放，以防腐败变质或引起饲料发酵；冷晒后的熟喂饲料装在容器中备用，注意不能和生喂饲料混在一起存放；熟喂饲料必须在单独的加工间内存放加工，未经熟制的生料不能存放在饲料调制间内，以防污染。

3. 饲料调制程序

（1）饲料绞制程序

① 饲料绞制时间：一般在饲喂前 1h 开始，不宜过早进行，尤其是夏季，容易变质；

② 饲料绞制的顺序：一般先绞动物性饲料，然后绞制谷物类植物性饲料，最后绞制果蔬类植物性饲料；

③ 饲料绞制的细度：饲料原料的类别不同，要求绞制的细度也不相同。动物性饲料不适宜绞制的太碎（绞肉机的孔直径为 10mm 左右），而植物性饲料，珍贵毛皮动物利用率较动物性饲料低，或者是添加的精补饲料（肝脏、蛋类、精肉等）则应该绞制得碎一些（绞肉机的孔径在 5mm 左右），以便于在混合饲料中混合均匀，也有利于动物消化吸收；

④ 饲料绞制速度：绞制时以均匀的速度搅拌，发挥绞肉机的有效功率。

（2）饲料搅拌程序　饲料搅拌的目的是将绞碎的饲料原料充分混合搅拌均匀，使每只动物所食日粮均匀一致。

① 用机械和人力将绞碎的饲料搅拌均匀，添加饲料可同时加入混合饲料中搅拌，混合饲料多时也可先搅拌于少许饲料中混匀，然后再加到整个混合饲料中搅匀。中、大型养殖场提倡用机械搅匀饲料。

② 搅拌饲料时加入水的量也一定要按照饲料单规定的量准确称量，不允许随意添加。如遇到混合饲料太稠或者太稀的时候，应及时进行调整。

（3）饲料分发程序

① 混合饲料搅拌均匀之后，应尽快分发到各饲养员处，尽量缩短分发时间。

② 饲料分发时，应该严格按照饲料分配单规定数量，检斤过秤如数分发。不允许按照饲养员的要求随意增重减饲料分发的数量。

③ 分发饲料如果有少量的剩余，应该均摊到每个饲养员，以免造成饲料的浪费。如果剩余较多时，应及时对饲料配制量进行调整。

4. 毛皮动物饲料加工调制后的整理程序

饲料加工、调制的所有器具和饲料间地面都需要清洗和洗刷干净；饲料加工机械及时清洗、检查，遇到有异常情况应该及时检修；水源、电源、火源等具有安全隐患的事项，一定要认真检查，严格防止水、电、火等隐患的发生；饲料加工人员要养成良好的个人卫生习惯和个人安全观念，严防人身事故的发生。

二、添加剂混合饲料配制技术

添加剂预混合饲料是珍贵毛皮动物配合饲料的核心和精华，采用的原料和混合均匀度对所配合的全价饲料质量有一定的影响。添加剂预混料的配制技术比浓缩饲料和全价饲料的配合技术要复杂得多。其中包括微量元素、维生素及添加剂的前处理技术、液体料的添加技术等。

添加剂预混合饲料的生产目的是使添加量极微的添加剂经过稀释扩大，从而使其中有效成分均匀分散在配合饲料中。由于添加剂的有效成分在全价饲料中所占的比例非常小，大多以毫克/千克计。因此，为了保证活性成分的有效性、稳定性和一致性，以及产品的安全性和可靠性，预混料的加工工艺对添加剂（预混料中的有效或活性成分，又称主料）和载体或稀释剂（预混料中的非有效成分，又称辅料）等的物理化学性能都有一定的要求。

（一）载体、稀释剂

毛皮动物添加剂预混料常用的载体有两大类，一类是有机载体，主要包括小麦次粉、小麦麸、大米粉、淀粉、乳糖等，另一类为无机载体，主要有磷酸钙、沸石粉等。稀释剂也分为有机和无机两种，常用的有机稀释剂有去胚的玉米粉、葡萄糖、蔗糖、豆粕粉等，无机的稀释剂主要有石粉、磷酸氢钙等。载体和稀释剂主要用于毛皮动物添加剂预混料中微量元素和维生素等添加剂调制。

（二）微量元素添加剂预混合饲料技术

微量矿物元素添加剂预混料，除对各种必需元素的数量要求外，提供各元素的多种化合物不同（硫酸盐、碳酸盐、氯化物、有机酸盐及螯合物等），纯度也不同（工业级、饲料级、试剂级等），结晶水含量也各异（有无水的、一个水的和多个结晶水的），各种化合物中元素的生物效价也不同，价格更是相差悬殊。这些因素都影响微量元素预混料的使用及经济效益。有些微量元素添加量极微，而且为剧毒品，要严格控制添加量，某些微量元素易氧化，极大部分微量元素的盐类含有游离水与结晶水，容易吸湿返潮、结块，给加工预混合饲料带来一定的困难。因此，要进行一定的预处理。

1. 毛皮动物微量元素的选择

市售可供各种微量成分及作为稀释剂或载体的原料种类很多。纯度、效价、性质等也各有不同。在生产微量元素预混料时，就出现了生产原料的选用问题。因而在选用原料时应综合考虑，不能强调一点而忽视其他，以致降低经济效益。

选择原则如下。

① 安全、无毒。对微量元素化合物原料中有毒、有害物质含量要有严格限制。

② 价格低廉、效价高。对微量矿物元素原料的选择，其质量必须符合矿物质微量元素添加剂的国家标准，应使用饲料级产品。目前，微量元素产品主要有氧化物类、硫酸盐类和螯合物类，其生物学效价和产品价格均有差异。应根据不同情况综合考虑，选择最适宜的微量元素盐。根据科学研究的特殊要求，有时也采用试剂级产品。

③ 流动性好、易混合。微量矿物元素原料的粒度应小于0.25mm，其中25%~50%应小于0.10mm。所选原料如有与上述条件不符者，需在生产预混料前对原料进行相应的前处理，进行驱水或疏水、粉碎、稀释与扩散等，以提高混合均匀度。

2. 毛皮动物微量元素的添加量

由于微量元素较其他添加剂原料价格相对便宜，所以在毛皮动物生产中存在添加量远远大于需要量的问题。有时甚至接近中毒的剂量。总之，在设计微量元素添加剂预混料时，应遵循科学、先进、实用的原则。在制作微量元素预混料配方时，一般不考虑植物饲料中的含量，将这一部分作为保证值，而以饲养标准中的数值为添加量。同时考虑到应激、特殊添加效应等因素而强化某些元素。但一定要了解清楚该元素的中毒剂量，并考虑微量元素间的互作（协同和拮抗），避免大量添加某元素而导致另一元素的临界缺乏，从而影响了珍贵毛皮动物的生产性能。如在采用高铜配方时，一般要同时提高铁、锌、锰等元素的添加量，而且从环境保护角度要求，不宜在毛皮动物饲粮中使用超大量的铜和锌。

（三）维生素添加剂预混料配制技术

1. 维生素原料的前处理及原料的选择

（1）维生素原料的前处理　现在维生素原料多数是粉末状，但也不乏液态维生素，液体维生素主要是脂溶性维生素。液体维生素的处理分两步进行：第一步，利用大豆卵磷脂、抗氧化剂和饱和脂肪加入液体维生素中，使维生素得到乳化与稳定化；第二步，把乳化与稳定化后的维生素用预处理后的载体麸皮和硅酸盐吸附、混合，使其成为粉状维生素，粒度为 0.1~1.0mm。

（2）维生素原料的选择　选择维生素添加剂预混料原料时要选择稳定的制剂与剂型，此外，还应注意以下几个方面。

① 选择生物学价值高、毛皮动物利用率高的维生素添加剂。人工合成的维生素效价高于天然维生素，如鱼肝油中维生素 A 的生物学效价仅有 30%~70%，人工合成的维生素 A 的生物学效价可达 100%。

② 气候和环境因素对维生素的贮存与动物利用都有一定的影响。如高温、高湿的夏季或湿热地区要选用 B 族维生素添加剂时，选择单硝酸硫胺较盐酸硫胺效果好。

③ 注意配伍禁忌。如烟酸和维生素 C 都是酸性较强的酸性添加剂，易使泛酸钙脱氨失活，又如氯化胆碱对维生素 A、胡萝卜素、维

生素 D、维生素 B_2 以及泛酸钙等均有破坏作用，使用时要加以注意。

④ 维生素添加剂的粒度。维生素添加剂在全价饲料中所占的比例极微，只有颗粒极小，才能在饲料中分布均匀。根据国外经验，$100 \sim 1\,000 \mu m$ 之间粒度的维生素添加剂在全价料中的混合效果较好。

（3）维生素添加剂载体和稀释剂的选择　可以作为维生素添加剂预混料的载体和稀释剂的种类很多，但常用的维生素预混料载体多选用容重接近且含粗纤维多的天然植物产品、加工副产品，如脱脂米糠、小麦麸、稻壳粉、玉米芯粉等，这些物质可以作为稀释剂。

2. 维生素添加量的确定

由于饲养标准中所给的是毛皮动物对维生素的最低需要量，在确定维生素需要量时难度较大。由于影响维生素需要量的因素很多，如饲养管理水平、动物生理状态（正常、应激、疾病）、生产水平的高低、环境因素等；此外，饲料加工工艺（如制粒、膨化等）对维生素的影响更大，不同维生素在加工过程中损失的程度不同；同时还要考虑贮存过程中的损失。因此，在生产中多采用提高维生素添加量，有时甚至达饲养标准的几十倍，使维生素成本增加。如何在两者之间找到一个平衡点，是设计成功维生素配方的关键所在。在确定维生素添加量时至少应考虑以下几方面的因素。

（1）饲养管理水平　饲养环境越差，管理水平越低，动物的应激程度越高，体内合成维生素的能力越低，因此动物对维生素的需要量越大。在这种情况下添加维生素的效应越明显。

（2）基础原料　一般将基础原料中维生素的含量忽略不计。但为了降低成本，应考虑饲料中其他成分对维生素稳定性的影响，如添加油脂就需要超量添加维生素 E 等抗氧化剂，同时考虑维生素作为营养素和其他活性物质的需要量。值得注意的另一个因素是，饲粮中存在的抗维生素因子。

（3）加工与贮存　维生素的损失主要是在制粒和膨化过程中，不同种类的维生素损失的程度是不一样的，维生素 A 最容易受影响，其次是维生素 D 和维生素 E。如维生素 A 在制粒过程中可损失 20%左右，在膨化过程可损失 30%左右；在有矿物质的预混料中，维生素 A 每月损失 2%~5%，维生素 E 每月损失 6%~20%；如果在炎热的夏季维生素的损失会更多。

3. 维生素预混料配方计算

在确定维生素的添加量后，可以计算维生素预混料的配方。计算维生素预混料配方时，首先明确所用各种维生素添加剂原料的有效成分含量，再列出饲粮中各种维生素的添加量，然后计算出全价料中维生素原料、抗氧化剂及载体的用量，确定所配维生素预混料的浓度，常用的浓度有 0.02%、0.03%、0.04%。如果预配 0.02% 的维生素预混料，用全价料中原料用量乘以 5 000，所得数据即是维生素预混料的配方。为便于生产操作，可以对各个维生素原料的用量进行取整处理。如果预配 0.04% 的维生素预混料，用全价料中原料用量乘以 2 500，即可得出 0.04% 维生素预混料的配方，0.04% 的维生素预混料配方中，载体的用量相应增加。

（四）复合添加剂预混料的配制

毛皮动物添加剂预混料的生产应根据饲喂对象的需求、饲料背景及添加剂原料综合考虑拟制相应的配方。饲料加工企业依照配方要求投料生产，对一些不能直接混合使用的原料，应在生产预混料之前进行相应的前处理。制作复合添加剂预混料需要考虑预混料中各种成分之间的相互影响，包括微量元素对维生素稳定性的影响、各种营养素之间的互作，以及其他为了改善产品质量、加工工艺、贮存性能所采用的添加剂，如防霉剂、疏散剂、抗氧化剂等。

第三节 饲料营养价值评定

为了更加经济合理地配制珍贵毛皮动物的饲粮，满足毛皮动物各生物学时期对营养物质的需要，必须要对饲料进行评定。饲料营养价值评定是指对营养物质及能量的含量与利用价值进行科学的评价。

毛皮动物饲料营养价值的评定可分为 3 个层面，第一个层面是物理评定，是指应用物理方法，借助感官或显微镜等，对饲料质量进行初步评定；第二个层面是化学评定，是指采用化学方法对饲料的能量及营养物质含量进行分析和测定；第三个层面是生物学评定，是指通过生物学手段，包括动物实验和体外模拟实验，对饲料能量和营养物质的消化率、代谢率及利用率进行评定。

在对毛皮动物饲料进行物理和化学评定饲料质量及能量和营养物质含量时，首先要进行样品的制备。样本的采集，称为采样，是指从大量饲料中抽取具有代表性的部分样品供观察和分析；样本的制备，称为制样，是指对经前处理后的样本进行粉碎和风干处理，以便于保存、观察和分析。

一、饲料营养价值评定方法

（一）珍贵毛皮动物饲料的物理评定

饲料的物理评定是最基本、最简单的评定方法，包括感官评定、显微镜检测、饲料容重测定等评定方法，其优点是快速高效。珍贵毛皮动物饲料分为鲜饲料和干饲料，鲜饲料主要有鱼类和鱼类下脚料、畜禽肉类和畜禽屠宰后下脚料、蛋类、乳类和果蔬类等；干饲料主要是鲜饲料通过脱水等特殊方式对鲜饲料进行加工，易于运输和保存。

1. 鲜饲料的物理评定

（1）肉类饲料品质鉴定　新鲜肉类表面有微干燥的外膜，稍湿润，肉汁透明，不黏；切面质地紧密，有弹性，指压后能复原；气味良好，具有各种肉的特有气味；生肉呈玫瑰红或淡红色，有光泽；熟肉呈黄白色或淡黄色。

不新鲜肉类表面有风干灰暗外膜，潮湿发黏，有时发霉；切面色暗、潮湿、有黏液，肉汁浑浊；切面柔软，弹性小，指压不能复原；表面略有霉味，深层无霉味；生肉呈灰色无光泽，易粘手；熟肉肉汤浑浊。

腐败肉类表面很干燥或很潮湿，呈淡绿色；发黏发霉，切面很黏、很潮湿，无弹性，手轻压可压穿；深层浅层均可嗅到腐败的气味；生肉呈淡绿色、绿色，切面呈暗灰色，有时呈淡绿色；熟肉肉汤浑浊，有黄色絮状物。

（2）鱼类饲料品质鉴定　新鲜鱼类体表有光泽，黏液透明；有鲜腥味，鳞片完整，不易脱落；眼球饱满突出，角膜透明，鳃呈鲜红或暗红；肉质坚实有弹性；肛门紧缩，内脏正常。

次鲜鱼类体表光泽减弱，黏液稍有不良气味，鳞片完整；眼球发暗、平坦；鳃呈暗灰褐色，有黏液有异味；肌肉硬度稍弱，但不松弛；肛门稍凸出，肝脏外形有改变。

近于腐败鱼类体表呈暗灰色，黏液浑浊浓稠，有轻度腐败气味，腹部膨大；眼球轻度下陷，角膜微浊；鳃呈灰褐色，黏液有异味；肌肉松软多汁，指压凹陷，恢复差；肛门突出，肝脏和肠管有分解现象，内脏被胆汁染成黄绿色。

腐败鱼类体内黏液浑浊、黏腻，有明显腐败气味；鳞片不完整、易脱落，腹部明显膨大；眼球塌陷，角膜浑浊；鳃呈灰绿色，黏液有腐败气味；肉质松软，指压凹痕不能恢复，肉和骨附着不牢，肋刺脱出；肛门外翻，内脏腐败，肠胃变成灰色粥样物。

（3）奶类饲料品质鉴定　新鲜奶呈微黄色，均匀一致，无沉淀、无杂质、无凝块，具特有的香味，可口稍甜。

不正常奶呈淡蓝色、淡红色或粉红色；黏滑，有絮状物或有多量凝乳块；具有葱蒜味、苦味、酸味、金属味及其他外来气味。

（4）蛋类饲料品质鉴定　新鲜蛋壳表面有一层粉状物（即胶质薄膜），蛋壳清洁完整，颜色鲜艳；打开后蛋黄凸起完整并带有韧性，蛋白澄清透明，稀稠分明。

受潮蛋蛋壳表面有大理石状斑纹和污秽。

变质蛋蛋壳表面呈灰乌色并带有油质，常可嗅到腐败气味。

（5）果蔬饲料品质鉴定　新鲜的果蔬饲料具有本品种固有的色泽和气味，表面不黏。失鲜或变质的果蔬色泽晦暗、发黄并有异味；表面发黏，有时发热。

2. 干饲料的物理评定

珍贵毛皮动物干饲料种类很多，主要包括动物性干饲料和植物性干饲料，每种干饲料都有自己的品质评定和掺假鉴别方法，简单介绍几种常用干饲料的评定。

（1）优质鱼粉的外观鉴定　视觉：即看粗细度。优质鱼粉较细、颜色一致，均匀分散无结块、手捏松软、无杂质；而劣质鱼粉较粗、油性小或无油性。

嗅觉：即闻气味。新鲜的优质鱼粉气味纯正，即很香的鱼腥味、无异味；而存放过久受潮腐败变质鱼粉常有腥臭味和刺鼻的霉臭味，如掺假则具有掺假物的味道。

味觉：即尝咸淡。含盐量是判断鱼粉质量高低的一个标准。优质鱼粉含盐量低，是新鲜的鱼肉松味，略咸；反之，如口尝咸味较重，说明鱼粉质量低劣。

常见的掺假，以增加鱼粉重量为目的而掺入豆粕、菜籽粕、棉粕和花生粕等。以增加总氮为目的掺入非蛋白氮如尿素、氯化铵、二缩脲和磷酸脲等。以低质动物蛋白质掺入鱼粉中，如掺入羽毛粉、毛发粉、血粉、皮革粉和肉粉等。以低质或变质鱼粉掺入好的鱼粉，特别是进口鱼粉中，这种现象较严重。

感官检查法。根据鱼粉成分的形状、结构、颜色、质地、光泽度、透明度和颗粒度等特征来检查。标准鱼粉颗粒大小均匀一致、稍显油腻的粉状物，可见到大量疏松呈粉末的鱼肌纤维及少量的骨刺、鱼鳞、鱼眼等物；颜色均一，呈浅黄、黄棕或黄褐色；手握有疏松感，不结块，不发黏，不成团；有浓郁的烤鱼味，略有鱼腥味。鱼粉色泽随鱼种而异，墨罕敦鱼粉呈淡黄色或淡褐色，沙丁鱼粉呈红褐色，白鱼粉为淡黄或灰白色。加热过度或含油脂高者，颜色加深。如果鱼粉色深偏黑红，外观失去光泽，闻之有焦煳味，为储藏不当引起自燃的烧焦鱼粉。如果鱼粉表面深褐色，有油臭味，是脂肪氧化的结果。如果鱼粉有氨臭味，可能是贮藏中脂肪变性。如果色泽灰白或灰黄，腥味较浓，光泽不强，纤维状物较多，粗看似灰渣，易结块，粉状颗粒较细且多成小团，触摸易粉碎，不见或少见鱼肌纤维，则为掺假鱼粉，需要进一步检验。

漂浮法。取少许样品放入洁净的玻璃杯子中，加入 10 倍体积的水，剧烈搅拌后静置。观察水面漂浮物和水底沉淀物，如果水面有羽毛碎片或植物性物质（稻壳粉、花生壳粉、麦麸等）或水底有沙石等矿物质，说明鱼粉中掺入该类物质。

气味测试法。根据样品燃烧时产生的气味判别是否掺入植物性物质。真品燃烧时是毛发燃烧的气味，如果出现谷物干炒的芳香味，说明掺入植物性物质。另外还可以根据气味辨别是否掺入尿素。只需取样品 20g 放入小烧瓶中，加 10g 生大豆粉和适量水，加塞后加热 15~20min，去掉塞子后如果能闻到氨气味，说明掺入尿素。

气泡鉴别法。取少量样品放入烧杯中，加入适量稀盐酸或白醋，如果出现大量气泡并发出吱吱声，说明掺有石粉、贝壳粉、蟹壳粉等物质。

显微镜检法。显微镜检法是最常用的一种方法，可以识别出大多数掺假物，但因为需要使用立体显微镜，故一般常用于大中型饲料企业或养殖场。使用显微镜检法需要熟悉一些常见掺假物的典型显微特征。谷壳粉中谷壳碎片外表面有纵横条纹；麦麸中麦片外表面有细皱纹，部分有麦毛；棉籽饼中棉籽壳碎片较厚，断面有褐色或白色的色带呈阶梯形，有些表面附有棉丝；菜籽饼中菜籽壳为红褐色或黑色，较薄，表面呈网状；贝壳粉颗粒方形或不规则，色灰白，不透明或半透明；花生壳有点状或条纹状突起，也有呈锯齿状；碱处理的骨粒出现小孔。

有些鱼粉虽然没有掺假，但受生产原料、加工工艺、包装、运输以及贮存等环节的影响，其质量差异也很大，关键是鱼粉的新鲜度。特别是甲鱼、鳗鱼等饲料中大量使用的白鱼粉，新鲜度直接影响鱼粉中氨基酸含量、饲料的适口性和有毒物质的含量。一般以组胺、挥发性氮和酸价作为评价鱼粉新鲜度的指标。组胺是生物的敏感毒素，对消化道有强烈的刺激作用，可造成肠胃出血、糜烂，也称糜烂素。组胺是原料在加工前被微生物分解的产物，腐烂越严重的鱼加工成的鱼粉组胺含量越高。因此，组胺是评价原料品质的指标，挥发性氮是氨基酸降解的产物，其含量越高，表明氨基酸被破坏的越多，特别是蛋氨酸和酪氨酸。因此，鱼粉的营养价值大受影响。酸价是评价鱼粉中脂肪的氧化程度。酸价越高，表明脂肪氧化的越严重。其结果是不饱和脂肪酸大量被破坏，鱼粉营养价值降低，产生难闻的气味，影响饲料适口性，产生许多有害物质，危害鱼类，如瘦背病就是长期投喂氧化油脂导致的鱼病。

（2）肉粉和肉骨粉品质鉴定　肉粉和肉骨粉是畜禽屠宰、食品加工的下脚料等，经切碎、蒸煮、压榨，分离脂肪后的残余部分，经干燥后制成的粉末。肉骨粉品质变异很大，原料的品质、成分、加工方法、掺杂、储存等都会影响其产品的质量。腐败原料制成的成品不但质量差，还有可能导致中毒。过热会降低适口性和消化率。

① 新鲜度。感官观察：正常的肉粉，呈金黄色至淡褐色或深褐色。一般猪肉制品颜色较浅，牛、羊、马属动物制品颜色较深。肉骨粉呈粉状，有新鲜的肉味，并有烤肉香及牛油、猪油味，如果储存不良或变质时，会出现酸败味。过热的肉骨粉、肉粉会降低饲料的适口性和消化率，溶剂提油者脂肪含量较低，温度控制较容易，含血多者蛋白质较高，但消化率低，品质不良。

② 微生物指标。肉骨粉容易腐败，肉骨粉、肉粉受细菌污染的可能性极高，尤其是沙门氏菌，平常应定期检查活菌数、大肠杆菌、沙门氏菌数。

肉粉掺假现象也很严重。常见的是水解羽毛粉、血粉，较恶劣者添加生羽毛、贝壳粉、蹄、角、皮革粉等。

③ 镜检。肉粉、羽毛粉、血粉的特征很明显，肉粉为不规则、半透明、黄褐色、质硬；血粉小颗粒、不规则、黑色或深紫色、表面缺乏光泽；羽毛粉羽干呈竹节状、光滑、透明，羽支呈长短不一的小碎片。

④ 正常产品的钙含量为磷含量的 2.2 倍以下，比例异常者有掺假的可能；通常灰分含量为磷含量的 6.5 倍以下，否则有掺假的可能；正常肉粉精氨酸、脯氨酸较高，均为 4%~6%，甘氨酸可达到8%左右，丝氨酸 3%~4%，丝氨酸/苏氨酸为 0.9~1.1，胱氨酸小于1%，异亮氨酸 4%左右。

⑤ 掺羽毛粉的，丝氨酸严重偏高，丝氨酸/苏氨酸比值偏高，赖氨酸偏低；掺血粉的，赖氨酸不会偏低，但异亮氨酸偏高；掺羽毛粉和血粉的，氨基酸总量会偏高，使 AA/CP 远远超过 0.9；掺皮革粉的，氨基酸变化不大，但赖氨酸会偏低。

（3）血粉品质鉴定

颜色：色泽随干燥温度的增加而加深，表现为红褐色直至黑色。

味道：应新鲜，不可有腐败、发霉及异臭，若具辛辣味，可能血中混有其他物质。

溶水性：随干燥温度的增加而降低，表现为：易溶于水及潮解，略溶于水，不溶于水。

质地：小圆粒或细粉末状，不可有过热颗粒及潮解、结块现象。

粉末状，不可有潮解、结块现象。

血粉的品质判断与注意事项如下。

① 干燥方法及温度是影响品质的最大因素，持续高温会造成大量赖氨酸的结合或失去活性，而影响单胃动物的利用率，故赖氨酸利用率乃判断品质好坏的重要指标，通常瞬间干燥及喷雾干燥者品质较佳，蒸煮干燥者品质较差。

② 鲜血原料的鲜度、纯度及夹杂多寡亦影响成品品质，不同来源血液其成分也不同，鸡血所含赖氨酸约7%，牛血及猪血更高，猪血与牛血比较，前者组氨酸、精氨酸、脯氨酸、甘氨酸、异亮氨酸较多，后者赖氨酸、苏氨酸、缬氨酸、亮氨酸、酪氨酸及苯丙氨酸较多。

③ 同属蒸煮干燥的产品，其溶水性差异变化很大，低温制造者溶水性较强，高温干燥者溶水性差，故此可以作为品质判断的依据。

④ 水分不宜太高，应控制在12%以下，否则易发酵、发热，但水分太低者可能加热过度，颜色趋黑，消化率亦降低。

⑤ 由于血液黏性高，加工上不易干燥，一般常加入植物性原料以改善物理性质，但成分则随之而异，并增加赖氨酸的损失。

（4）豆粕品质鉴定

看形状。优质纯豆粕呈不规则碎片或粉状，偶有少量结块。掺入了沸石粉、玉米等杂质后颜色浅淡，色泽不一，结块多，可见白色粉末状物。另外，若豆壳太多，则品质较差。

观色泽。优质豆粕为淡黄褐色至淡褐色，色泽一致。如果色泽发白多为尿素酶过高，如果色泽发红则尿素酶偏低。淡黄色豆粕是因为加热不足，暗褐色或深黄色豆粕是因为过度加热所致，品质均较差。

估水分。安全水分内的豆粕用手抓时散落性好，水分过高的豆粕用手抓则感觉发滞。

查包装。选择正规厂家生产的。正规厂家产品的外包装，包括外袋皮的质量、封口线、标签等都非常规范，标签上标识齐全。如果从封口处看不到标签，那么用户就要小心选择。如果袋口和袋底的封口线粗细不一，或有二次封口现象，养殖户就更要小心，尤其是袋底封线，更要仔细观察，以防商贩从袋底做手脚，掺入劣质或假的豆粕。

闻味道。优质豆粕具有烤豆香味，不应有腐败、霉坏或焦化味、生豆腐味及豆腥味（新生产的豆粕有豆腥味）。而掺入了杂物的豆粕闻之稍有豆香味，掺杂量大的则无豆香味。加热严重过度时有焦煳味；加热不足的含在口中则有生大豆的腥味。

豆粕掺假也很多，掺入玉米、麸皮等淀粉类物质：取少许样品置于白磁盘中，滴几滴碘酒，若变色，则怀疑。掺入染色麸皮：掺假者把麸皮染成豆粕样黄色，观察豆粕中有卷曲小疙瘩，或用放大镜观察。掺入玉米胚芽饼：检测粗蛋白和氨基酸组成。掺入了稻壳粉、锯末等异物：取少量的豆粕，放在盆或碗等容器中，加水没过豆粕，用棍子稍微搅拌一下，静置 10min 左右，能看到水面上漂浮的一般是豆皮及少量的豆秸，如果发现异物，则有可能掺假。如果发现漂在水面上倒刺一样的细丝，就说明掺入了稻壳粉；如果不法商家加入锯末等异物，从水面上也能发现。

（5）谷物饲料品质鉴定　谷物饲料在储存不当的情况下，受酶和微生物的作用，易引起发热和变质。鉴定谷物饲料，主要根据色泽是否正常、颗粒是否整齐、有无霉变及异味等加以判断。凡外观变色发霉，生虫有霉味、酸臭味，舔尝时有酸苦等刺激味，触摸时有潮湿感或结成团块，均不能用。

（二）珍贵毛皮动物饲料的化学评定

珍贵毛皮动物饲料的化学评定包括饲料常规成分的测定（水分、粗蛋白质、粗脂肪、粗纤维、粗灰分及无氮浸出物），饲料总能的测定和饲料中其他矿物质元素及各种维生素含量的测定，各指标的测定方法均参照国标方法进行。

（三）珍贵毛皮动物饲料的生物学评价

毛皮动物饲料营养价值的生物学评定是评定饲料最有效的方法，所采用的方法主要包括动物的饲养试验、消化试验、代谢试验，评定的内容包括能量、蛋白质、脂肪、矿物质和维生素等。由于生物学评价方法较复杂，目前相关数据还比较少。

耿业业等（2008）对 10 种蓝狐常用的干粉蛋白质饲料适口性进行了比较，发现豆粕、膨化大豆、澳大利亚肉骨粉、秘鲁鱼粉的适口性较好，玉米蛋白粉、猪肉粉、玉米胚芽粕的适口性一般，鸡肉粉、鸡肠羽粉、羽毛粉的适口性较差，故建议营养价值高但适口性差的饲料应限量使用。刘佰阳等（2007）研究了豆油、猪油和脂肪粉3种不同脂肪对育成期蓝狐生产性能和消化代谢的影响，结果表明育成期蓝狐日粮中添加豆油效果最好。Kirsti Rouvinen等（1989）研究了不同来源脂肪（牛脂、水貂脂肪、毛鳞鱼油、豆油、菜籽油及50%牛脂+50%菜籽油）对蓝狐生长和毛皮质量的影响。孙伟丽等（2009）对玉米蛋白粉、膨化大豆、豆粕、膨化玉米、玉米胚芽粉、鸡肉粉、秘鲁鱼粉、鸡肠羽粉、肉骨粉、羽毛粉、猪肉粉测定了干物质和粗蛋白的表观消化率。孙伟丽等（2011）对海杂鱼、鸡骨架、带壳鸡蛋、牛肉、白条鸡、鳑鲏、白鲢、鸡杂、鸡肝、牛肝和黄花鱼等11种饲料原料的干物质（DM）和粗蛋白质（CP）的表观消化率进行了测定。研究结果表明，作为育成期蓝狐日粮的蛋白质来源，6种动物性蛋白质原料中以鸡肉粉最佳，5种植物性蛋白原料中以豆粕最佳。蓝狐对上述11种鲜饲料均具有较好的消化能力，其中海杂鱼、鸡骨架、鸡蛋、牛肉、白条鸡、鳑鲏、鸡杂可作为蓝狐的优质蛋白质来源饲料，白鲢、牛肝、鸡肝、黄花鱼要根据饲料的适口性、营养物质消化率等实际情况确定其在蓝狐饲料中所占的比例。

二、常用饲料营养价值表

毛皮动物常规饲料营养成分见表6-1。

表6-1　毛皮动物常规饲料营养成分　（风干基础%）

饲料类别	样品名称	采样地点	水分 Moisture	干物质 DM	粗脂肪 EE	粗蛋白质 CP	粗灰分 Ash	钙 Ca	总磷 P
干粉饲料类	鸡肉粉	吉林左家	7.87	92.13	20.10	46.79	3.64	1.32	0.56
	肉骨粉	吉林安广	7.50	92.50	12.49	43.33	34.34	9.77	5.45
	胸碎肉粉	吉林左家	7.24	92.76	21.98	55.80	18.70	6.56	3.17
	鱼粉	吉林左家	8.13	91.87	10.36	61.78	18.79	4.78	3.03
	鱼粉	天津汉沽	7.87	92.13	7.13	54.67	20.01	3.75	3.75
	鱼粉	天津津南	9.92	90.08	13.87	60.56	14.20	1.08	1.36
	羽毛粉	吉林左家	6.93	93.07	2.40	80.25	3.80	0.18	0.67

（续表）

饲料类别	样品名称	采样地点	水分 Moisture	干物质 DM	粗脂肪 EE	粗蛋白质 CP	粗灰分 Ash	钙 Ca	总磷 P
油脂类	狐狸油	黑龙江图强	7.10	92.90	91.60	2.48	0.55	0.00	0.00
	鸡油	河北藁城	3.23	96.77	96.78	1.87	0.17	0.00	0.00
	鸭油	吉林安广	2.87	97.13	97.65	1.67	0.32	0.00	0.00
	羊油	黑龙江图强	6.99	93.01	94.23	5.24	0.39	0.00	0.00
	猪油	吉林左家	9.00	91.00	96.15	2.63	0.45	0.00	0.00
肉类	貂肉	河北藁城	72.10	27.90	11.28	70.66	10.85	2.15	1.66
	狐狸肉	黑龙江图强	68.60	31.40	15.88	66.33	9.28	2.55	1.54
	鸡肉	吉林左家	72.80	27.20	11.86	47.98	2.72	1.00	0.49
	鸡碎肉	河北藁城	73.80	26.20	10.47	45.42	12.59	7.63	3.44
	鸡胸脯	天津津南	66.54	33.46	8.78	55.80	2.60	0.50	0.82
	牛肉	吉林安广	73.18	26.82	19.29	68.01	0.77	0.18	0.15
乳蛋类	带壳鸡蛋	吉林左家	74.86	25.14	34.24	40.88	5.42	2.21	1.32
	带壳鸡蛋	山东文登	75.01	24.99	35.24	45.88	8.37	2.96	1.47
	鸡蛋	天津汉沽	72.00	28.00	41.43	40.08	3.23	0.21	0.78
	奶粉	山东荣成	4.53	95.47	28.02	23.35	4.22	0.65	0.79
	奶粉	山东文登	6.55	93.45	24.83	22.85	4.95	0.73	0.67
	奶粉	天津汉沽	8.13	91.87	2.22	38.59	7.89	1.26	1.02
畜禽副产品类	鸡肠	河北藁城	64.20	35.80	46.77	30.32	2.33	0.73	0.25
	鸡肠	河北乐亭	69.00	31.00	58.06	27.89	4.84	0.42	0.38
	鸡肠	内蒙古阿龙山	68.90	31.10	65.92	28.91	1.89	0.25	0.28
	鸡肝	河北昌黎	64.12	35.88	15.14	59.72	5.14	0.77	1.32
	鸡肝	河北乐亭	68.00	32.00	22.50	48.78	2.67	0.54	0.75
	鸡肝	黑龙江图强	71.60	28.40	23.35	59.96	4.27	0.34	0.85
	鸡肝	吉林左家	70.70	29.30	10.30	55.64	2.33	0.17	0.29
	鸡肝	山东荣成	65.42	34.58	41.24	42.41	3.68	0.63	0.96
	鸡肝	天津汉沽	61.88	38.12	28.40	58.64	5.59	0.81	1.41
	鸡肝	天津津南	65.71	34.29	14.80	51.10	7.72	0.25	0.78
	鸭肝	河北藁城	70.60	29.40	18.36	58.43	4.87	0.42	0.24
	鸭肝	吉林安广	72.58	27.42	16.78	56.42	5.44	0.56	0.53
	牛肝	吉林安广	71.89	28.11	14.34	64.50	4.53	0.17	0.33
	牛肝	内蒙古阿龙山	66.40	33.60	26.19	62.79	3.57	0.15	0.65

(续表)

饲料类别	样品名称	采样地点	水分 Moisture	干物质 DM	粗脂肪 EE	粗蛋白质 CP	粗灰分 Ash	钙 Ca	总磷 P
畜禽副产品类	鸡杂	河北藁城	70.00	30.00	39.13	46.09	10.00	2.56	1.78
	鸡杂	吉林左家	68.87	31.13	16.17	53.35	17.90	4.63	2.05
	毛蛋	河北藁城	63.98	36.02	13.90	53.89	8.11	5.55	1.39
	牛胎	黑龙江图强	84.50	15.50	17.42	65.81	15.48	7.48	3.29
	鸡骨架	河北昌黎	65.50	34.50	14.56	30.43	25.37	13.43	7.97
	鸡骨架	吉林左家	61.51	38.49	16.21	38.22	24.29	14.66	8.79
	鸡骨架	天津汉沽	54.26	45.74	18.65	30.12	18.97	12.86	6.51
	鸡骨架	天津津南	66.80	33.20	15.43	40.00	18.18	11.56	5.96
	鸭骨架	河北藁城	60.50	39.50	18.85	35.59	24.41	16.10	8.03
	鸭骨架	河北乐亭	61.60	38.40	17.46	41.56	23.38	16.25	7.88
	鸭骨架	吉林安广	60.12	39.88	21.46	47.56	19.89	14.32	6.98
	猪骨泥	天津津南	58.70	41.30	16.45	43.92	16.65	10.34	5.63
鱼虾类	鮟鱇鱼	河北昌黎	83.61	16.39	4.53	56.07	17.54	14.08	8.24
	鮟鱇鱼	河北藁城	82.70	17.30	7.98	63.98	22.54	14.45	6.36
	鮟鱇鱼	辽宁大连	78.66	21.34	10.14	60.05	25.72	13.56	7.19
	鮟鱇鱼	内蒙古阿龙山	85.30	14.70	10.20	69.38	18.36	11.22	7.24
	鮟鱇鱼	山东荣成	81.77	18.23	8.18	68.45	21.55	10.11	8.37
	鲅鱼	山东荣成	61.41	38.59	45.44	37.24	6.48	1.61	1.09
	白姑鱼	山东文登	72.14	27.86	18.66	63.63	11.98	4.95	2.98
	牙鲆	辽宁大连	73.29	26.71	13.28	57.40	12.75	4.40	0.21
	牙鲆	天津津南	76.91	23.09	12.57	55.95	13.95	5.05	0.47
	牙鲆排	辽宁大连	71.62	28.38	14.47	42.06	26.04	9.68	4.44
	碟鱼排	河北昌黎	71.24	28.76	15.43	50.74	26.11	9.30	4.17
	碟鱼排	山东荣成	66.74	33.26	18.88	50.20	22.59	8.25	3.81
	明太鱼排	山东荣成	75.20	24.80	13.46	56.01	24.78	8.21	3.64

（续表）

饲料 类别	样品 名称	采样 地点	水分 Moisture	干物质 DM	粗脂肪 EE	粗蛋白 质 CP	粗灰 分 Ash	钙 Ca	总磷 P
	大马哈鱼排	黑龙江图强	71.90	28.10	26.13	45.14	23.10	7.69	3.83
	大马哈鱼排	吉林左家	72.46	27.54	23.56	38.97	24.98	7.93	3.96
	鲳鱼	山东荣成	75.12	24.88	24.36	59.88	8.77	1.33	1.28
	大黄花鱼	河北昌黎	70.85	29.15	6.42	62.96	15.45	2.86	1.92
	大黄花鱼	河北藁城	75.54	24.46	6.77	65.36	12.14	3.88	1.56
	大黄花鱼	吉林安广	79.65	20.35	3.68	62.54	13.32	3.93	1.67
	大黄花鱼	内蒙古阿龙山	78.80	21.20	7.23	57.12	12.05	3.70	1.50
	大黄花鱼	山东文登	83.45	16.55	13.52	63.58	16.30	4.36	2.02
	带鱼	山东荣成	75.28	24.72	18.81	65.97	8.89	3.87	1.51
	海鲇	河北昌黎	70.34	29.66	21.84	56.26	9.82	3.58	1.93
	海鲇	天津汉沽	71.48	28.52	24.45	41.58	11.22	3.76	2.02
鱼 虾 类	海杂鱼	河北乐亭	80.80	19.20	2.82	66.76	3.92	1.17	0.55
	海杂鱼	黑龙江图强	79.80	20.20	4.50	67.55	8.28	1.79	1.29
	海杂鱼	吉林左家	78.97	21.03	6.63	53.97	11.17	3.14	2.59
	海杂鱼	天津汉沽	84.78	15.22	4.89	55.50	20.79	11.53	6.21
	海杂鱼	天津津南	79.68	20.32	5.77	55.57	10.67	6.78	4.14
	红娘鱼	山东文登	83.98	16.02	8.03	68.15	17.23	3.27	2.86
	黄姑鱼	山东文登	75.15	24.85	19.80	65.30	10.30	2.78	1.34
	马口鱼	河北藁城	69.50	30.50	10.37	52.13	11.80	7.87	3.28
	鲭鱼	山东荣成	60.31	39.69	31.98	53.80	9.33	0.15	1.59
	沙蚕	天津津南	86.49	13.51	16.07	55.51	6.00	0.29	1.22
	虾蛄	河北乐亭	79.80	20.20	1.07	39.16	18.19	9.37	4.77
	虾虎鱼	河北昌黎	78.01	21.99	7.44	54.67	10.44	2.11	1.01
	虾虎鱼	黑龙江图强	79.45	20.55	5.88	56.77	10.03	1.96	1.09
	虾虎鱼	吉林左家	77.77	22.23	8.13	59.64	9.92	2.17	0.92

（续表）

饲料类别	样品名称	采样地点	水分 Moisture	干物质 DM	粗脂肪 EE	粗蛋白质 CP	粗灰分 Ash	钙 Ca	总磷 P
鱼虾类	虾虎鱼	辽宁大连	73.46	26.54	8.44	55.54	9.84	2.09	1.31
	虾虎鱼	内蒙古阿龙山	80.16	19.84	4.39	66.94	17.05	3.12	1.94
	虾虎鱼	天津津南	78.94	21.06	3.85	72.21	8.94	1.87	1.14
	小黄花鱼	河北乐亭	80.54	19.46	6.80	56.32	13.87	4.12	1.93
	小黄花鱼	黑龙江图强	77.87	22.13	4.21	59.55	10.95	2.45	1.44
	小黄花鱼	辽宁大连	78.27	21.73	5.81	62.29	4.95	1.71	0.79
	小黄花鱼	天津汉沽	79.16	20.84	9.16	57.87	8.98	2.25	0.97
	小黄花鱼头	山东文登	70.49	29.51	21.07	53.21	21.46	7.23	2.86

参考文献

鲍加荣.2015.赤狐和银黑狐毛色差异分析、色素基因克隆及TYRP1功能初步研究 [D].北京:中国农业科学院.

崔虎.2012.日粮蛋白质和蛋氨酸水平对蓝狐生产性能及营养物质代谢的影响 [D].北京:中国农业科学院.

葛旭升.2012.仔狐毛囊和胃肠道组织形态发育规律及胃肠道消化酶活性变化规律研究 [D].保定:河北农业大学.

耿业业,李光玉,孙伟丽,等.2008.蓝狐常用干粉蛋白饲料适口性的比较研究 [J].饲料与畜牧(2):9-10.

耿业业.2011.育成期蓝狐脂肪消化代谢规律的研究 [D].北京:中国农业科学院.

顾绍发,顾艳秋.2008.乌苏里貉四季养殖新技术 [M].北京:金盾出版社.

华盛,华树芳.2009.毛皮动物高效健康养殖技术 [M].北京:化学工业出版社.

华树芳,华盛,仇学军.2005.实用养貉技术(修订版) [M].北京:金盾出版社.

霍自双,刘宗岳,岳志刚,等.2018.红眼白水貂FSHβ和NCOA1基因多态性及其与繁殖性状的相关分析 [J].中国畜牧兽医,45(2):429-438.

蒋清奎,张志强,李光玉,等.2013.准备配种期雌性水貂适宜日粮蛋白质水平的研究 [J].中国畜牧兽医,39(6):117-120.

刘佰阳,李光玉,张海华,等.2007.不同脂肪对育成期蓝狐生产性能及消化代谢的影响 [J].经济动物学报,11(3):125-129.

刘湘江,2009.蓝狐消化道显微结构及其内分泌细胞的免疫组化定位 [D].大庆:黑龙江八一农垦大学.

刘晓颖,陈立志.2010.貉的饲养与疾病防治 [M].北京:中国农业出版社.

刘宗岳,邢思远,胡大为,等.2013.银蓝水貂重要经济性状的遗传参数估计［J］. 中国畜牧兽医，40（12）：151-155.

孙伟丽，耿业业，刘晗璐，等. 2009. 蓝狐对不同蛋白质来源日粮干物质和粗蛋白质表观消化率的比较研究［J］. 动物营养学报，21（6）：953-959.

孙伟丽，李光玉，刘凤华，等. 2011. 蓝狐对11种鲜饲料原料中干物质和粗蛋白质表观消化率的研究［J］. 动物营养学报（9）：1 519-1 526.

杨琛杰，2011. 健康水貂肠道内益生乳酸菌的筛选、分离、鉴定及应用研究［D］. 镇江：江苏科技大学.

杨福合，唐良美. 2012. 中国畜禽遗传资源志——特种畜禽遗传资源志［M］. 北京：中国农业出版社.

杨福合. 2000. 毛皮动物饲养技术手册［M］. 北京：中国农业出版社，48-52

杨嘉实. 1999. 特种经济动物饲料配方［M］. 北京：中国农业出版社，59-62

杨颖，2013. 日粮能量水平及来源对水貂生产性能和营养物质消化代谢的影响［D］. 北京：中国农业科学院.

于海静. 2018. 全国养殖水貂皮产量现状分析［J］. 山东畜牧兽医，39（3）：65-66.

于洋. 2013. 特种经济动物解剖学［M］. 沈阳：辽宁科学技术出版社.

云春凤. 2012. 不同生态区蓝狐常规饲料营养价值评价［D］. 北京：中国农业科学院.

张海华，李光玉，常忠娟，等. 2014. 饲粮脂肪水平对哺乳期水貂生产性能及血液生化指标的影响［J］. 动物营养学报，26（8）：2 225-2 231.

张海华，李光玉，任二军，等. 2011. 饲粮蛋白质水平对冬毛期水貂生长性能、血清生化指标及毛皮质量的影响［J］. 动物营养学报，23（1）：78-85.

张铁涛，2012. 饲粮蛋白质、赖氨酸、蛋氨酸水平对生长期水貂生产性能、消化代谢和肠道形态结构的影响［D］. 北京：中国农业科学院.

张铁涛，崔虎，高秀华，等. 2012. 饲粮蛋白质水平对冬毛期水貂胃肠道消化酶活性以及空肠形态结构的影响［J］. 动物营养学报，24（2）：376-382.

张铁涛，崔虎，高秀华，等. 2012. 饲粮蛋白质水平对育成期母貂生长性能、营养物质消化代谢及血清生化指标的影响［J］. 动物营养学报，24（5）：835-844.

张铁涛，张志强，耿业业，等. 2011. 日粮蛋白质水平对冬毛期雌性黑貂营养物质消化率及毛皮质量的影响 [J]. 吉林农业大学学报, 33 (2): 204-209.

张铁涛, 张志强, 刘汇涛, 等. 2011. 饲粮蛋白质水平对冬毛期水貂部分血清生化指标的影响 [J]. 动物营养学报, 23 (6): 1 052-1 057.

张铁涛, 张志强, 任二军, 等. 2010. 饲粮蛋白质水平对育成期水貂营养物质消化率及生长性能的影响 [J]. 动物营养学报, 22 (4): 1 101-1 106.

张铁涛, 张志强, 任二军, 等. 2011. 不同蛋白质水平日粮对不同日龄育成期公貂生长性能与消化代谢规律的影响 [J]. 畜牧兽医学报, 42 (10): 1 87-1 395.

中国农业科学院饲料研究所. 2007. 中国饲料原料采购指南 (第二版) [M]. 北京: 中国农业大学出版社.

Elnif, J., Sangild, P. T. 1996. The role of glucocorticoids in the growth of the digestive tract in mink (Mustela vison) [J]. Comp Biochem Physiol A Physiol, 115 (1): 37-42.

KirstiRouvinen, TuomoKiiskinen. 1989. Influence of Dietary Fat Source on the Body Fat Composition of Mink (Mustela vison) and Blue Fox (Alopex lagopus) [J]. Acta Agriculturae Scandinavica, 39 (3): 10.

Ko, R. C., Anderson, R. C. 1972. Tissue migration, growth, and morphogenesis of Filaroides martis (Nematoda: Metastrongyloidea) in mink (Mustela vison) [J]. Can J Zool, 50 (12): 1 637-1 649.

Oleinik, V. M., Svetchkina, E. B. 1992. Change of the enzyme spectrum of the digestive tract in mink during postnatal ontogeny [J]. Scientifur, 16 (4): 289-292.

Roberts, W. L. 1988. [Starch digestion in the mink]. [German] [J]. Deutsche Pelztierzuechter.

Sibbald, I. R., Sinclair, D. G., Evans, E. V., et al. 1962. The rate of passage of feed through the digestive tract of the mink [J]. Canadian Journal of Biochemistry and Physiology, 40 (10): 1 391-1 394.

Szuman, J., Skrzydlewski, A. 1962. Transit time of food in the gastro-intestinal canal of the blue fox [J]. Arch Tierernahrung, 12: 1-4.

Yoshimura, K., Fukue, Y., Kishimoto, R., et al. 2014. Comparative morphology of the lingual papillae and their connective tissue cores in the tongue of the American mink, Neovison vison [J]. Zoological science, 31 (5): 292-299.